全国 CAD 技能等级考试·技能一级职业培训教材
21 世纪高等职业教育创新型精品规划教材

CAXA 电子图板 2005
实用教程

主　编　汤春雨　赵婉舒

天津大学出版社
TIANJIN UNIVERSITY PRESS

内 容 提 要

本教材突出职业技术教育的特点,以培养计算机绘图能力为宗旨。教材内容以单元项目、任务的形式给出,每一个单元都有明确的知识点和能力目标以及与之配套的大量练习题(多来自历届"全国 CAD 技能等级考试"试题),能够满足绘图工作者的需要。

本教材按 30～60 学时编写,通过 16 个实例,对 CAXA 电子图板 2005 系统的常用功能及使用方法进行了分解介绍。本书内容由简单绘图操作逐步过渡到绘制零件图及装配图,并配有大量练习题,既能满足计算机绘图的需求,又便于强化机械制图知识。

本书可作为中等、高等职业技术教育计算机绘图课程的教材,也可供"全国 CAD 技能等级考试"职业培训、成人教育和工程技术人员使用或参考。

图书在版编目(CIP)数据

CAXA 电子图板 2005 实用教程/汤春雨,赵婉舒主编. —天津:天津大学出版社,2010.8

全国 CAD 技能等级考试·技能一级职业培训教材. 21 世纪高等职业教育创新型精品规划教材

ISBN 978-7-5618-3600-2

Ⅰ.①C… Ⅱ.①汤… ②赵… Ⅲ.①自动绘图－软件包,CAXA 2005－高等学校:技术学校－教材 Ⅳ.①TP391.72

中国版本图书馆 CIP 数据核字(2010)第 137743 号

出版发行	天津大学出版社
出 版 人	杨 欢
地 址	天津市卫津路 92 号天津大学内(邮编:300072)
电 话	发行部:022-27403647 邮购部:022-27402742
网 址	www. tjup. com
印 刷	昌黎太阳红彩色印刷有限责任公司
经 销	全国各地新华书店
开 本	185mm×260mm
印 张	9.75
字 数	244 千
版 次	2010 年 8 月第 1 版
印 次	2010 年 8 月第 1 次
印 数	1－3 000
定 价	40.00 元

前　言

本教材以培养计算机绘图能力为宗旨,以提高学生的职业能力为目标,具有如下特点。

一、教材内容以单元项目、任务的形式给出,每一个单元都有明确的知识点和能力目标。学生学习并掌握所有的单元项目内容即可达到本学科培养目标的要求。

二、把"CAD 技能等级考试"必考内容作为重点,融入到教材及练习题中,以满足"CAD 技能等级考试"的需要。

三、根据编者多年的教学经验,对每个单元的疑点问题、难以理解的问题以及容易忽视的问题都有相应的提示,以达到消化知识点、实现能力目标之目的。

四、在本教材各单元的练习题中,红色图线或尺寸等为题中答案。以方便学生在用计算机绘图的同时,也能强化机械制图的知识。真正使计算机绘图成为机械制图的工具。

五、本教材按 30～60 学时编写,考虑学时的跨度,加大了习题量,囊括了近 9 年的大部分考题。习题由易到难,可按学时的多少选取不同难易程度的题目。本书既是教材又是习题集且含答案,适用于初学者。

六、本书通过 16 个实例,对 CAXA 电子图板 2005 系统的常用功能及使用方法进行了分解介绍。为减少文字的赘述,作图步骤均以图示直观显示,以便于初学者接受。

七、附录给出了最新的(2009 年 12 月)"CAD 技能一级(计算机绘图师)考试试题——工业产品类"及 2008 年的四套试题,能使读者对"CAD 技能等级考试"的题型、难易程度有所了解。

八、与教程配套的辅助阅读资料给出了教学进度计划以及电子版的习题答案(用 CAXA 电子图板 2005 绘制)。

本书由汤春雨、赵婉舒主编(汤春雨编写第三单元、第四单元、第五单元及附录,赵婉舒编写第一单元、第二单元及第六单元),全书由汤春雨统稿,参加编写的还有朱楠、张丹、富恩强等。

本书由朱凤军老师主审,对书稿进行了细致的审查,提出了许多宝贵意见,在此表示感谢。

由于水平所限,加之时间仓促,书中难免仍有错漏之处,欢迎读者特别是任课教师提出批评意见及建议,并及时反馈给我们(E-mail:tang_chuyu@126.com)。

编　者
2010 年 2 月

目　　录

第一单元　CAXA 电子图板 2005 基础知识

【知识点】CAXA 电子图板 2005 界面、菜单系统、基本操作和文件管理。

【能力目标】熟悉 CAXA 电子图板 2005 的界面、菜单系统，并掌握其基本操作。

计算机绘图（Computer Graphics，简称 CG）是计算机辅助设计（Computer Aided Design，简称 CAD）的重要组成部分。计算机绘图因具有质量好、效率高、速度快、便于图样的管理和修改、适合技术交流等特点，而取代了传统的手工绘图。

CAXA（Computer Aided X Alliance-Always a step Ahead，读音［'kasa］)是北航海尔软件有限公司系列产品的总称。CAXA 电子图板 2005 是功能齐全的通用二维绘图软件，适用于所有需要二维绘图的场合。采用此软件可绘制零件图和装配图，由零件图组装装配图，由装配图拆画零件图。

CAXA 电子图板全面采用国标设计，具有强大的动态导航功能、种类齐全的参量国标图库和全开放的用户建库手段，为绘图工作提供了更多快速的绘图手段。

任务一　熟悉 CAXA 电子图板 2005 的用户界面

一、CAXA 电子图板 2005 的运行

1. 硬件环境

CAXA 电子图板 2005 的推荐配置：CPU 为 2 GHz 以上；内存 512 MB 以上；NVADIA 显卡；尚须配备绘图仪或打印机，以进行图形输出。

2. 软件环境

CAXA 电子图板 2005 可采用 Windows 98/2000/XP 操作系统，西文环境尚须加挂中文平台。

3. 运行 CAXA 电子图板

运行 CAXA 电子图板 2005 有以下三种方法。

（1）双击桌面上的"CAXA 电子图板 2005"图标，如图 1-1 所示。

（2）单击桌面左下角的"开始"→"程序"→"CAXA 电子图板 2005"→"CAXA 电子图板"，如图 1-1 所示。

（3）双击安装目录（如 D：\CAXA\CAXAEB\bin\）下的 eb.exe 文件。

选以上任一种运行方法，即可进入 CAXA 电子图板 2005 的用户界面，如图 1-2 所示。

二、CAXA 电子图板 2005 的界面

界面是交互式绘图软件与用户进行信息交流的中介，是人机对话的桥梁。系统通过界面反映当前信息状态或将要执行的操作，用户可按界面提供的信息作出判断，并通过输入设备（如鼠标或键盘）进行下一步操作。CAXA 电子图板 2005 采用了最新的流行界面，如图 1-2 所

示。它更贴近用户,更简明易懂。

图 1-1　CAXA 电子图板 2005 的运行方法

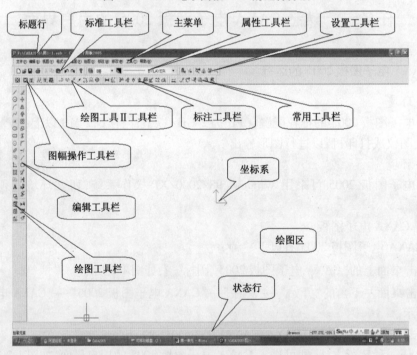

图 1-2　CAXA 电子图板 2005 的用户界面

1. 标题行

标题行位于界面的最上面一行。左端为窗口图标,其后显示当前文件名;右端依次为最小化、最大化/还原、关闭三个图标。

2. 主菜单

主菜单位于标题行下边一行。

3. 绘图区

屏幕中间的大面积区域为绘图区,即图1-2中的空白区域,这是操作者进行绘图设计的工作区域。

在绘图区的中央,设置一个二维直角坐标系(红色),该坐标系称为世界坐标系,也称绝对坐标系。它的坐标原点在屏幕中心,坐标值为(0.000,0.000)。坐标的水平方向为X轴方向,向右为正,向左为负;坐标垂直方向为Y轴方向,向上为正,向下为负。

4. 工具栏

工具栏位于绘图区的上方和左侧,是由图标组成的条状区域。通过单击按钮即可实现相应操作。

系统默认的工具栏有9项,分别为"标准"、"属性"、"图幅操作"、"标注"、"绘图工具Ⅱ"、"设置"、"常用"、"绘图"、"编辑",如图1-3 ~ 图1-11所示。

图1-3 标准工具栏

图1-4 属性工具栏

图1-5 图幅操作工具栏

图1-6 标注工具栏

图1-7 绘图工具Ⅱ工具栏

图1-8 设置工具栏

图1-9 常用工具栏

图 1-10　绘图工具栏

图 1-11　编辑工具栏

5. 状态栏

状态栏位于屏幕底部,即界面的最下面一行,由操作信息提示区、命令提示区、当前光标点坐标显示区、工具点状态显示区和点捕捉方式设置区 5 部分组成,如图 1-12 所示。

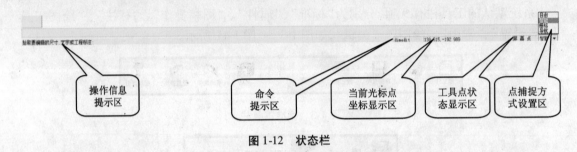

图 1-12　状态栏

1)操作信息提示区(命令与数据输入区)

操作信息提示区位于状态栏的左端,用于提示当前命令执行情况或提醒用户通过键盘输入命令或数据。

2)命令提示区

命令提示区位于状态行中部,用于提示目前所执行的命令在键盘上的输入形式,便于用户快速掌握 CAXA 电子图板的键盘命令。

3)当前光标点坐标显示区

当前光标点坐标显示区位于状态栏的中部,命令提示区的右边。当前点的坐标值随鼠标光标的移动呈动态变化。

4)工具点状态显示区

当前工具点状态(或拾取状态)显示区位于状态栏中当前光标点坐标显示区的右侧,用于提示当前点的性质以及拾取方式。例如,工具点可能为屏幕点、切点、端点等;拾取方式可能为添加状态、移出状态等。

5)点捕捉方式设置区

点捕捉方式设置区位于状态栏的最右端,在此可设置点的捕捉方式,分别为自由、智能、栅格和导航。

(1)自由方式:对输入的点无任何限制,点的输入由当前光标的实际定位确定。

(2)智能方式:移动鼠标,当十字光标经过或接近一些特征点(如孤立点、端点、中点、圆心、象限点、交点、切点、垂足点等)时,这些点会被自动捕捉(光标被自动锁定),加亮显示。

(3)栅格方式:十字光标只能沿栅格线移动,鼠标捕捉的点为栅格点。

（4）导航方式：十字光标经过一些特征点时，除特征点被加亮显示外，十字光标与特征点之间自动呈现出相连的虚线。采用这种方式可方便、快捷地确定三视图的"三等关系"。

设置点捕捉方式有三种常用的操作方法：按功能键【F6】或单击状态栏右端的点捕捉方式下拉菜单（如图1-12右下角），在弹出的选项菜单中设置点的捕捉方式，屏幕点设置窗口如图1-13所示；单击设置工具栏中的"捕捉点设置"图标 ；单击主菜单中的"工具"→"屏幕点设置"命令，弹出如图1-14所示的"屏幕点设置"对话框，在对话框中设置点的捕捉方式。

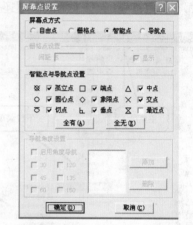

图1-13　屏幕点设置窗口　　　　　　　　　　　图1-14　"屏幕点设置"对话框

　　提示　点捕捉操作非常重要。几乎每画一笔都要进行点捕捉，因为精确绘图很大程度上决定于点捕捉（通常采用智能方式或导航方式）。

6. 切换新老界面

为了适应电子图板老用户的使用习惯，CAXA电子图板2005在全新界面风格的基础之上，保留了部分原有的界面风格。通过在"工具"菜单中选择"界面操作"里的"恢复老面孔"命令，就可以恢复原先的界面风格，如图1-15所示。

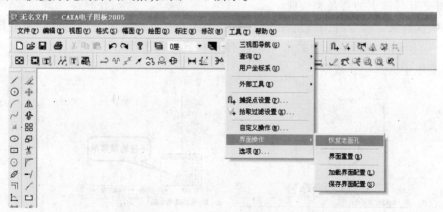

图1-15　切换新老界面

在老界面中，通过在"工具"菜单中选择"界面操作"里的"显示新面孔"命令，即可切换回新的界面。

任务二　熟悉 CAXA 电子图板 2005 的菜单系统

一、主菜单、下拉菜单和子菜单

主菜单包括"文件"、"编辑"、"视图"、"格式"、"幅面"、"绘图"、"标注"、"修改"、"工具"和"帮助"等 10 项。选中其中一项，即可弹出该选项的下拉菜单。若下拉菜单中某选项的后面有三角符号标记，表示该选项还有下一级子菜单，如图 1-16 所示。

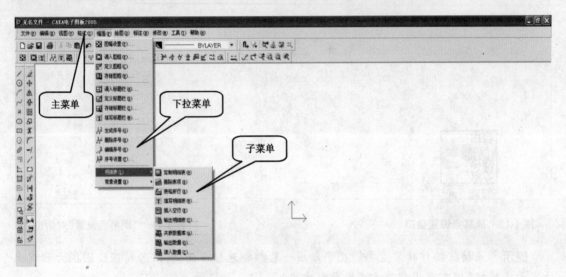

图 1-16　主菜单、下拉菜单和子菜单

二、立即菜单

CAXA 电子图板提供了独有的立即菜单的交互方式，用以代替传统的逐级查找的问答式交互，使得交互过程更加直观和快捷。

当系统执行某一命令时，一般情况都会在绘图区的左下角弹出一个菜单，即"立即菜单"，如图 1-17(a) 所示。立即菜单中的每一项都有一个下拉选项菜单。点击其中一项，即出现可改变立即菜单中的选项或数据。

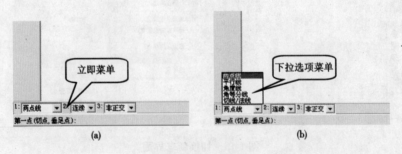

图 1-17　立即菜单

在立即菜单环境下，用鼠标单击其中的某一项（例如"两点线"）或按住【Alt】＋数字组合键(例如【Alt】+【1】),其上方会出现一个可改变该项内容的下拉选项菜单(见图1-17(b))。

提示　当选项菜单为两项时,在按住【Alt】+数字组合键时,可直接切换;当选项菜单为多项时,可在按住【Alt】+数字组合键的同时,用鼠标选取。

三、弹出菜单

在特定状态下,按指定键,屏幕上光标处出现弹出菜单。弹出菜单主要有工具点菜单、拾取方式菜单、右键快捷菜单和界面定制菜单。

1. 工具点菜单

工具点就是在作图中具有几何特征的点,如屏幕点、端点、中点、圆心等。在作图过程中,快速、方便地捕捉这些特征点可实现精确作图。在输入点状态下,按【Space】键(或直接按快捷键,如切点按【T】),屏幕上光标所处位置弹出的菜单称为工具点菜单,如图1-18所示。

【例1】　用直线命令绘制两圆的公切线,如图1-18红线所示。

(1)单击绘图工具栏中的"直线"图标 ✎ 。在立即菜单中选择"两点线"、"单个"、"非正交"。

(2)操作信息提示"第一点"时,按【Space】键,在弹出的工具点菜单中选"切点"。用左键拾取小圆后,系统自动捕捉切点,此时产生一条与圆相切的直线拖曳着。

(3)操作信息提示"第二点"时,按【Space】键,在工具点菜单中再次选"切点"。用左键拾取大圆后,系统自动捕捉切点,画出两圆的公切线。

2. 拾取方式菜单

在拾取状态下,按【Space】键,弹出拾取方式菜单,如图1-19所示。通过拾取方式菜单可改变拾取方式。

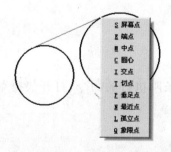

图1-18　工具点菜单

图1-19　拾取方式菜单

3. 右键快捷菜单

在操作提示为"命令"时,拾取元素后,点击右键或按【Enter】键,拾取对象不同,可弹出相应的快捷菜单,如图1-20(a)、(b)、(c)所示。

4. 界面定制菜单

在任意一个工具栏所在的区域单击鼠标右键,可弹出如图1-21所示的界面定制菜单。菜单中,列出了菜单栏、工具栏、立即菜单和状态栏等。菜单左侧带"√"的表示当前工具栏正在显示,点取菜单中的选项可以在显示和隐藏工具栏之间进行切换。

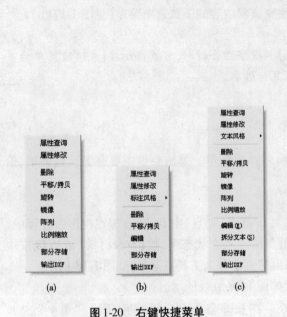

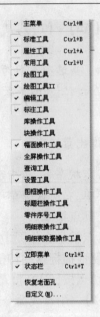

图 1-20　右键快捷菜单　　　　　　　　图 1-21　界面定制菜单

（a）拾取对象为图线　（b）拾取对象为尺寸

（c）拾取对象为文本

任务三　掌握 CAXA 电子图板 2005 的基本操作

CAXA 电子图板提供了丰富的绘图、编辑、标注和辅助功能。这些功能都是通过执行命令实现的。在执行命令的操作方法上，CAXA 电子图板 2005 为用户设置了鼠标选择和键盘输入两种并行的输入方式。

一、常用键的功能

1. 鼠标键

（1）鼠标左键：选择菜单、拾取元素、确定位置点。

（2）鼠标右键：确认拾取、结束操作、终止命令、重复上一条刚执行的命令、打开快捷菜单等。

（3）鼠标中键：动态显示缩放。

2. 回车键

回车键【Enter】用以结束数据的输入、确认默认值、终止当前命令、重复上一条刚执行的命令（同鼠标右键）。

3. 空格键

空格键【Space】可在输入点状态下弹出工具点菜单，也可在拾取状态下弹出拾取方式菜单。

4. 功能键

CAXA 电子图板为用户设置了若干个快捷键，利用这些快捷键可以迅速激活相对应的功能，从而加快操作速度。

【F1】键：请求系统的帮助。在执行任何一种操作的过程中，想获得帮助均可按下【F1】键。此时，系统会列出与操作有关的帮助内容，指导操作者顺利完成该项操作。

【F2】键：拖画时可切换动态拖动值和坐标值。

【F3】键：显示全部。

【F4】键：指定一个当前点作为参考点，用于相对坐标点的输入。

【F5】键：当前坐标系切换开关。

【F6】键：点捕捉方式切换开关。

【F7】键：三视图导航开关。

【F9】键：全屏显示和窗口切换开关。

5. 其他键

【Esc】键：中止当前命令。

【Page Up】键：显示放大。

【Page Down】键：显示缩小。

【Home】键：显示复原。

【Delete】键：删除拾取加亮的元素。

【↑】、【↓】、【←】、【→】：用于显示平移图形。

【Shift】键 + 鼠标左键：动态平移。

【Shift】键 + 鼠标右键：动态缩放。

二、命令的输入与执行

CAXA 电子图板设置了两种并行的命令输入方式：鼠标选择（即用鼠标选取所需的菜单或工具栏按钮）和键盘输入。初学者可使用较方便的鼠标选择方式。

1. 从下拉菜单中选择命令

CAXA 电子图板的所有命令，均可从下拉菜单中选择输入。执行情况有以下两种。

（1）直接执行，如图 1-22 所示画圆命令的执行。

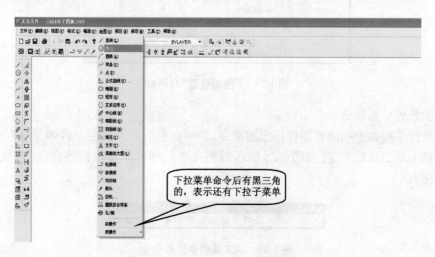

图 1-22　从下拉菜单中选择圆命令

（2）弹出对话框,如图 1-23 所示。选择图幅设置命令后,弹出的对话框如图 1-24 所示,可在对话框中选择图纸幅面、绘图比例、图纸方向以及是否调入图框、标题栏等,然后单击"确定"按钮,则命令执行完毕,对话框消失。

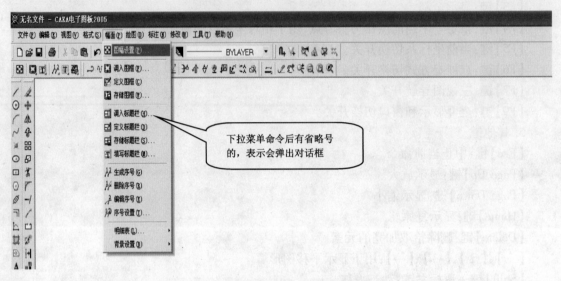

图 1-23   从下拉菜单中选择"图幅设置"命令

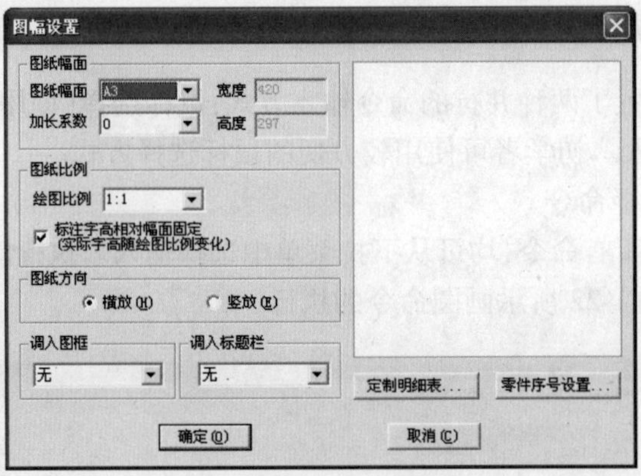

图 1-24   "图幅设置"对话框

2. 从工具栏中选择命令

凡在下拉菜单命令项前有图标标志的命令,均可在相应的工具栏中找到。输入命令时,只在所选图标上单击鼠标左键(如图 1-25 所示的圆命令),即可立即执行该命令(比从下拉菜单中选择简便)。

图 1-25   从工具栏中选择命令

三、命令的终止与重复命令的输入

欲终止正在执行的命令,有以下三种方法。

(1)在任何情况下,欲终止正在执行的操作,只需按键盘上的【Esc】键。

(2)通常情况下,欲终止正在执行的操作,可单击鼠标右键或按【Enter】键。

(3)如果点击其他命令(单击工具栏中的图标或选择下拉菜单),也可终止当前命令。

当操作提示为"命令"时,使用鼠标右键和【Enter】键可以重复执行上一条命令。

四、命令的嵌套执行

CAXA 电子图板中的某些命令可嵌套在其他命令中执行,这些可嵌套的命令称为透明命令。诸如显示(重画、显示窗口、显示回溯、显示全部等)、设置(系统设置、捕捉点设置、拾取过滤设置等)、格式(文本风格、标注风格、剖面图案、点样式、层控制等)、帮助、存盘等,均属于透明命令。在执行一个命令的过程中,输入透明命令后,前一个命令并未终止,只是暂时中断,执行完透明命令后,可继续执行前一个命令。

例如,操作者要裁剪图 1-26(a)中细实线的圆,以完成螺纹孔的绘制。系统执行裁剪命令时,操作提示为"拾取要裁剪的曲线:"。但由于要裁剪的圆太小,不便于拾取。此时可单击常用工具栏中的"显示窗口"图标 ,操作提示变为"显示窗口第一角点:"。在小圆外确定一点后,操作提示变为"显示窗口第二角点:",如图 1-26(b)所示。按操作提示确定第二角点后,将按由两角点所确定的窗口对图形进行放大,操作提示仍为"显示窗口第一角点:",如图 1-26(c)所示。按【Esc】键或单击鼠标右键结束窗口放大,操作提示又恢复为"拾取要裁剪的曲线:",此时,可方便地拾取细实线圆,如图 1-26(d)所示。

五、显示控制

显示控制的各项命令均位于主菜单的"视图"下拉菜单之中,也可在"常用工具栏"(见图 1-9)中实现"重画"、"动态显示平移"、"动态显示缩放"、"显示窗口"、"显示全部"、"显示回溯"等功能。常用的显示控制命令及其功能如下。

(1)重画:刷新屏幕,清除图形编辑时产生的屏幕垃圾,使屏幕整洁。

(2)显示窗口:按操作提示输入窗口的上角点和下角点,系统可将窗口内的图形放大显示,如图 1-26(c)所示。

(3)显示全部:将当前绘制的所有图形全部显示在屏幕绘图区内。

(4)显示回溯:使显示返回到显示变换前的状态。

提示　显示控制只改变屏幕中图形的视觉效果,不改变图形的实际尺寸及实体间的相对位置。

上述命令除"显示窗口"必须给出窗口大小外,其余的只需单击常用工具栏中的按钮,即可完成相应的操作。

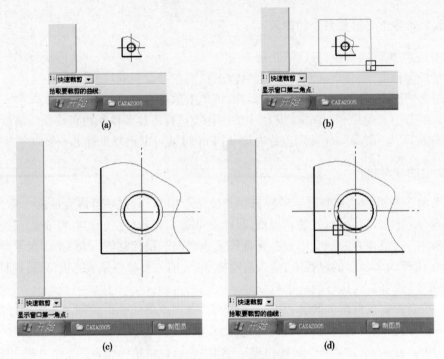

图 1-26　命令的嵌套执行图例

（a）未放大前的图形　（b）用"显示窗口"命令　（c）放大后的图形　（d）执行裁剪命令

六、点的输入

点是最基本的图形元素，点的输入是绘图操作的基础。CAXA 电子图板除了提供常用的键盘输入和鼠标点取输入方式外，还设置了若干种捕捉方式，例如智能点的捕捉、工具点的捕捉等。

1. 由键盘输入点坐标

由键盘输入点坐标常用以下三种方式。

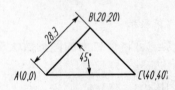

图 1-27　由键盘输入点坐标

（1）绝对直角坐标的输入方法。直接使用键盘输入点的 X、Y 坐标，但是 X、Y 坐标值之间必须用逗号隔开。如图 1-27 所示，选取直线命令后，输入 A 点的绝对坐标"0，0"，按【Enter】键，再按操作信息提示输入"第二点："B 的绝对坐标"20，20"，按【Enter】键，即可画出 AB 直线。

（2）相对直角坐标的输入方法。相对坐标是指拟输入点相对于当前点的 X、Y 坐标差值。输入相对坐标时，必须在第一个数值前面加上一个符号"@"，以表示相对。选取直线命令后，输入 A 点绝对坐标"0，0"，按【Enter】键后，操作信息提示输入"第二点："。此时 A 点为当前点，B 点为拟输入点，键入 B 点与 A 点的 X、Y 坐标差值，即相对直角坐标"@20，20"，按【Enter】键，即可画出 AB 直线。

（3）相对极坐标的输入方法。极坐标以"@ $L < \alpha$"的形式输入（L 表示输入点相对当前点的距离）。先输入 A 点绝对坐标"0，0"，再按操作信息提示输入"第二点："（即 B 点），键入 B 点与 A 点的相对极坐标"@28.3 < 45"，按【Enter】键，即可画出 AB 直线。

提示　一般情况下,第一点多为鼠标点取选择(或绝对坐标),以后各点多通过相对坐标确定。

2. 由鼠标输入点坐标

通过移动鼠标的十字光标线,可选择需要输入点的位置。单击鼠标左键,该点的坐标值即被输入。为了使鼠标输入点准确、快捷,CAXA 电子图板提供了工具点捕捉功能,如图 1-28 屏幕点设置窗口和图 1-29"屏幕点设置"对话框所示。图 1-18 所示即为应用工具点捕捉功能,绘制的两圆的公切线。

图 1-28　屏幕点设置窗口　　　　　　　　　图 1-29　"屏幕点设置"对话框

七、文字及特殊字符的输入

在 CAXA 电子图板 2005 中,尚须启动 Windows 或外挂汉字系统的汉字输入法(如搜狗拼音输入法、微软拼音输入法、智能 ABC 输入法、五笔字型输入法等)以完成汉字的标注。对于键盘上没有的特殊字符,如 ϕ、°、±,以及特殊格式,如上偏差、下偏差、分数等,CAXA 电子图板规定了特殊的格式以及用于输入这些特殊字符和以特殊格式排列的字符,见表 1-1。

表 1-1　特殊字符和格式的输入

内容	键盘输入	内容	键盘输入
$\phi60$	% c60	60°	60% d
30 ± 0.012	30%p0.012	50%	50% %
38℃	38% dC	$80_{-0.012}^{+0.018}$	80% +0.018% -0.012%b
B_1	B% * p%8p1% * b	C^2	C% * p2% * b
$\phi40H6(_0^{+0.016})$	% c40H6(% +0.016%b)	$\phi50\dfrac{H7}{g6}$	% c50&H7/g6

八、拾取实体

绘图时,所使用的直线、圆、图符、块等元素称为实体。通常把选择实体称为拾取实体,它们是绘图、编辑时必不可少的操作。根据作图需要,用鼠标的拾取框在已画出的图形中,选取某个或某几个实体。已选中的实体集合称为选择集。

(1)单个拾取。将拾取框对准待选实体,如图 1-30(a)所示,单击鼠标左键即可。被选中的实体将变成加亮颜色,呈红色点线。

(2)窗口拾取。对于如图 1-30(a)所示的实体,用鼠标左键在屏幕空白处指定一点后,系统提示指定"另一角点:",移动鼠标从指定点处拖动出一个矩形框(即窗口),此时再次点击鼠标左键指定窗口的另一角点,则两个角点确定了拾取窗口的大小,见图 1-30(b)、(c)中的细实线。

采用窗口拾取时,不同的窗口拖动方式所拾取的实体会不相同。从左向右拖动窗口,即第一角点在左,第二角点在右(与高度无关),称左右窗口,它只能选中完全处于窗口内的实体,如图 1-30(b)所示;而从右向左拖动窗口,即第一角点在右,第二角点在左(与高度无关),称右左窗口,与窗口相交的元素均能被选中,如图 1-30(c)所示。

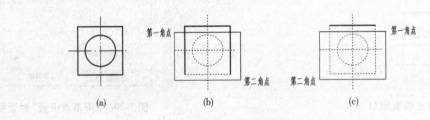

图 1-30　窗口拾取

(a)实体　(b)左右窗口　(c)右左窗口

任务四　熟悉绘图环境的设置

一、图幅、图框和标题栏的设置

1. 调入标准图幅、标准图框和标准标题栏

单击"标准工具栏"中的"新建文件"图标□或主菜单中的"文件"→"新文件"图标,如图 1-31 所示,则立即出现图 1-32 所示的"新建"对话框。对话框的左边是模板文件选择框,右边是所选模板的预览窗口。模板实际上就相当于一张已经印好图框和标题栏的空白图纸,是国标规定的 A0 ~ A4 图幅、图框和标题栏模板。如图 1-32 所示,单击"确定"按钮,即调用了一张 GBA3 的空白图纸,如图 1-33 所示。

2. 调入标准图幅、画图框和画标题栏

(1)单击主菜单中的"幅面"→"图幅设置"命令(见图 1-34),则立即出现"图幅设置"对话框,如图 1-35 所示。如选 A3 的幅面,单击"确定"按钮,则 A3 图幅被调入(屏幕上没有显示,相当于只是有了一张 A3 大小的白纸)。

(2)画图框。单击绘图工具栏中的"矩形"图标□,出现默认的立即菜单如图 1-36 所示。

图 1-31 "新文件"命令

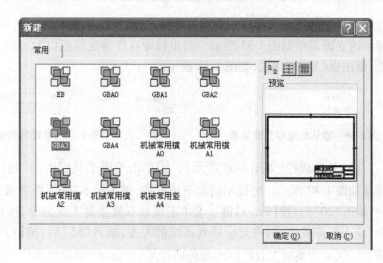

图 1-32 "新建"对话框

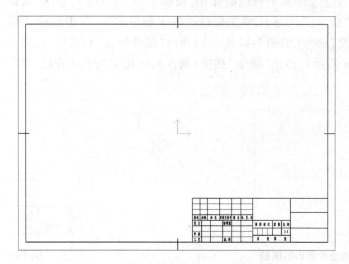

图 1-33 调入的 A3 图幅、图框和标题栏

图 1-34 "图幅设置"命令

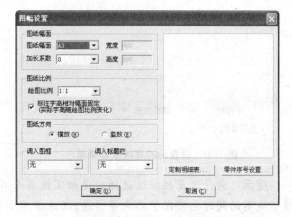

图 1-35 "图幅设置"对话框

立即菜单中的每一项都有一个下拉菜单,通过下拉菜单可改变立即菜单中的选项或数据。设置后的立即菜单如图 1-37 所示。将坐标原点作为定位点(中心点),即用鼠标左键单击坐标原点,则图框(矩形)完成,如图 1-38 所示。

1:	两角点	▼	2:	无中心线	▼
第一角点:					

图 1-36   默认的矩形立即菜单

1:	长度和宽度	▼	2:	中心定位	▼	3:角度	0	4:长度	400	5:宽度	277	6:	无中心线	▼
定位点:														

图 1-37   设置后的矩形立即菜单

(3)画标题栏(如图 1-39 所示)。①单击绘图工具栏中的"直线"图标 ╱,设置直线立即菜单如图 1-40 所示。按提示拾取下边框线,再按提示"输入距离或点:",将光标移到该线的上方,输入"20"后,按【Enter】键。②单击鼠标右键重复上次命令,按提示拾取右边框线,再按提示"输入距离或点:",将光标移到该线的左方,输入"85"后,按【Enter】键,绘图结果如图 1-41 所示。③单击编辑工具栏中的裁剪图标 ✂,按提示"拾取要裁掉的曲线:",得到裁剪后的图形如图 1-42 所示。④重复绘制平行线的操作,按图 1-39 所示的尺寸,完成标题栏的绘制,如图 1-43 所示。⑤在"命令:"状态下,单击要修改的 4 条粗实线,点击鼠标右键,弹出右键快捷菜单,选择"属性修改"命令(如图 1-44 所示),弹出"属性修改"对话框(如图 1-45 所示),单击细实线层(如图 1-46 所示),点击"确定"按钮(两次),则细实线修改完成,结果如图 1-47 所示。

图 1-38   用矩形命令画出的图框

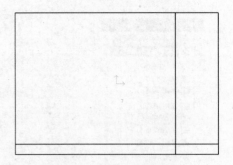

图 1-39   标题栏

1:	平行线	▼	2:	偏移方式	▼	3:	单向	▼
拾取直线:								

图 1-40   设置后的直线立即菜单

图 1-41   绘制垂直平行线

提示   为什么属性修改选择的是细实线层而不是线型呢?因为选择细实线层就等于在修改了线型的同时也修改了颜色等信息;而选择线型就仅仅修改了线型。

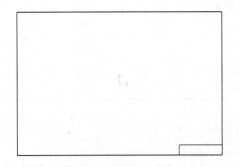

图 1-42 裁剪后的图形

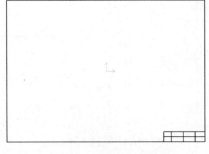

图 1-43 标题栏完成图形

图 1-44 拾取线作属性修改

图 1-45 "属性修改"对话框

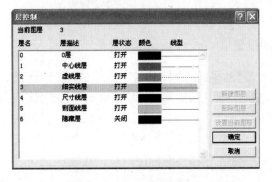

图 1-46 修改为细实线层

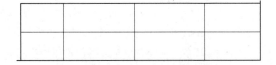

图 1-47 修改后的标题栏

(4)填写标题栏中的字体。单击绘图工具栏中的"文字"图标 **A**,按提示"指定标注文字的矩形区域第一角点:"(如图 1-48 所示),再按提示"指定标注文字的矩形区域第二角点:"(如图 1-49 所示)。点击第二角点后,出现"文字标注与编辑"对话框,如图 1-50 所示。键入"姓名"后,再点击"设置"按钮,出现"文字标注参数设置"对话框,按图 1-51 进行设置。点击"确定"按钮(两次),则文字"姓名"书写完毕,如图 1-52 所示。重复上述操作即可完成标题栏中全部文字的书写。

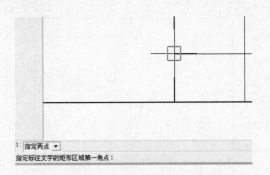

图 1-48　指定标注文字的矩形区域第一角点

图 1-49　指定标注文字的矩形区域第二角点

图 1-50　"文字标注与编辑"对话框

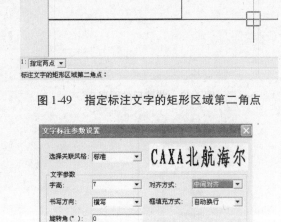

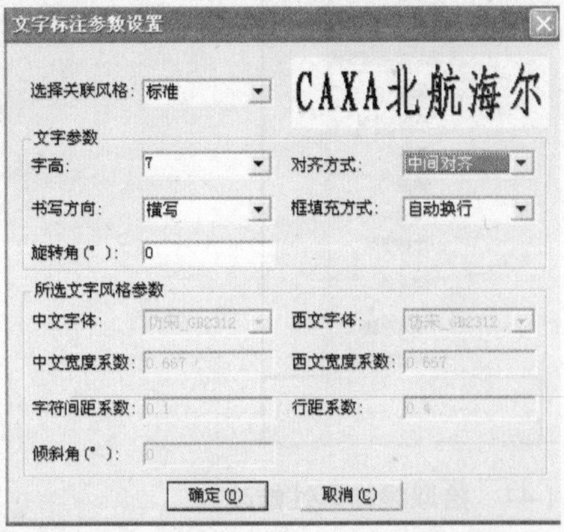

图 1-51　设置后的"文字标注参数设置"对话框

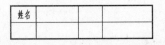

图 1-52　"姓名"的文字书写

二、标注风格的设置

单击主菜单"格式"的下拉菜单"标注风格",如图 1-53 所示,则出现"标注风格"对话框,如图 1-54 所示。单击"编辑"按钮,出现"编辑风格 - 标准"对话框,如图 1-55 所示。若箭头长度为 3 mm(可修改图 1-55 中"箭头大小"选项为 3(mm)),字高设为 5 mm(可单击图 1-56 中的"文本"按钮,将"文字字高"改为 5(mm)),单击"确定"按钮,则标注风格的设置完成。

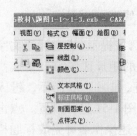

图 1-53　设置"标注风格"

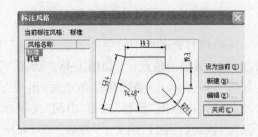

图 1-54　"标注风格"对话框

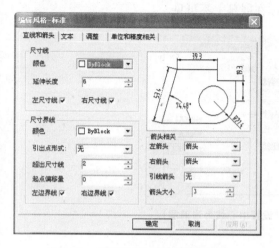

图1-55　"编辑风格－标准"对话框

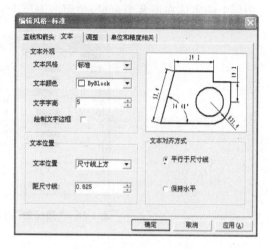

图1-56　设置后的"编辑风格－标准"对话框

三、图层的设置与操作

1. 图层的概念

层,也称为图层。如图1-57所示,可以把图层想象为一张没有厚度的透明薄片,实体(直线、圆、图符、块等元素)和信息都存放在这种透明薄片上。将一幅图中不同的线型和不同的颜色绘制在不同的图层上,层与层之间由一个坐标系(即世界坐标系)统一定位,而且具有相同的缩放系数,以保证层与层之间完全对齐。当各层完全打开时,就组合成了一幅完整的图样。

1) 图层的状态

图层的状态包括层名、层描述(层描述应尽可能体现层的性质,不同层之间的层描述可以相同)、打开与关闭、颜色、线型以及是否为当前层等。

2) 层名

层名是层的代号,每一图层都有唯一的层名。为了便于用户使用,系统预先定义了7个图层。这7个图层的层名(如图1-58称为"层控制"对话框)分别为"0层"、"中心线层"、"虚线层"、"细实线层"、"尺寸线层"、"剖面线层"和"隐藏层"。每一个图层都对应一种由系统设定的颜色和线型。

系统启动后,初始的当前层为"0层",线型为粗实线。

3) 当前层

当前层就是当前正在进行操作的图层。如果把图层想象为若干张重叠在一起的透明薄片,当前层就是位于最上面的那一张。如图1-58就是设置中心线层作为当前层。通常,通过点击属性工具栏中的"选择当前层"按钮,在如图1-59所示的图层列表中完成设置当前层。

4) 图层的打开与关闭

图层可以打开,也可以关闭(如图1-58,双击某图层即可实现打开或关闭操作)。打开的

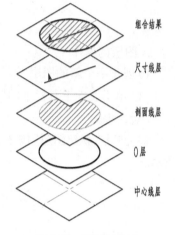

图1-57　图层的概念

图层上的实体在屏幕上可见,关闭的图层上的实体在屏幕上不可见。

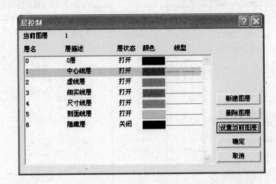

图 1-58　"层控制"对话框(设置中心线为当前层)

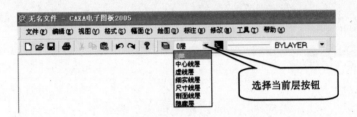

图 1-59　图层列表(选择当前层按钮)

2. 图层的操作

1)创建一个新的图层

(1)单击属性工具栏中的"层控制"按钮 或"格式"子菜单中的"层控制"选项,弹出"层控制"对话框。

(2)单击"新建图层"按钮,这时在图层列表框的最下边一行可以看到新建图层,如图 1-60所示。

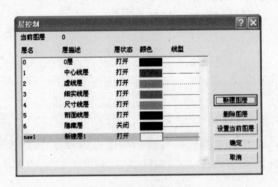

图 1-60　新建图层

(3)新建的图层颜色缺省为白色,线型缺省为粗实线。用户可修改新建图层的层名、层描述、颜色、线型等。

(4)单击"确定"按钮,即完成新建图层的操作。

2）设置当前层

为了对已有的某个图层中的图形进行操作，必须将该图层设置为当前层。

设置当前层有以下三种方法。

（1）如图 1-59 所示，用鼠标左键单击属性工具栏中的"当前层"下拉列表框右侧的下拉箭头，可弹出图层列表，在列表中用鼠标左键单击所需的图层即可完成设置当前层的操作。

（2）在"格式"子菜单中，单击"层控制"选项，可弹出"层控制"对话框，对话框的上部可显示当前图层是哪一个层，图 1-60 所示的当前层为 0 层。在对话框中的图层列表框中用鼠标左键单击所需的图层后，再单击右侧的"设置当前图层"按钮，然后单击"确定"按钮，即可完成当前层设置操作。

（3）单击"属性"工具栏的"层控制"按钮 ，也可以弹出"层控制"对话框，余下的操作与第二种方法相同。

3）改变层名或层描述的操作步骤

用户可以修改图层的层名或层描述，具体的操作步骤如下。

（1）单击"格式"子菜单中的"层控制"选项或单击属性工具栏中的"层控制"按钮 ，弹出如图 1-60 所示的"层控制"对话框。

（2）用鼠标左键双击要修改的层名或层描述的相应位置，在该位置上会出现一个编辑框，用户可在相应的编辑框中输入新的层名或层描述，输完后用鼠标左键点取编辑框外的任意一点即可结束编辑。

（3）这时在"层控制"对话框中可以看到对应的内容已经发生了变化，单击"确定"按钮即可完成操作。

提示　本操作只改变图层的层名或层描绘，不改变图层的原有状态。

3. 存储文件

存储文件就是将当前绘制的图形以文件形式存储到磁盘上，步骤如下。

（1）单击标准工具栏中的"存储文件"图标 或单击主菜单中的"文件"→"存储文件"命令，系统弹出"另存文件"对话框，如图 1-61 所示。

（2）如图 1-62 所示，在"保存在"输入框内选择 E 盘，将文件名"题图 1-1～1-3"输入框内，单击"保存"按钮，系统即按所给文件名存盘。

要存储一个文件，也可以单击 按钮。

在"另存文件"对话框中，单击"保存类型"右边的下拉箭头，可以显示出 CAXA 电子图板所支持的数据文件的类型，如图 1-62 所示，通过类型的选择可以保存不同类型的数据文件。

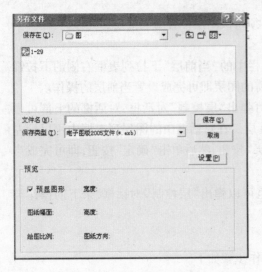

图 1-61　"另存文件"对话框

图 1-62　在"另存文件"对话框中存储文件

练习题

1. 用绝对坐标和相对坐标绘制题图 1-1(不注尺寸)。

2. 由题图 1-2(a),完成题图 1-2 (b)的绘制(尺寸自定)。

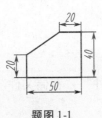

题图 1-1

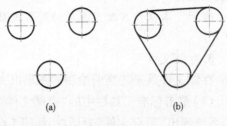

题图 1-2

3. 将题图 1-1 和题图 1-2(b)放在 A4 幅面中, 并完成图框(277 mm×190 mm)和标题栏的绘制,如题图 1-3 所示。

4. 存储题图 1-3(存到 E 盘下,以"班级-姓名"为文件名)。

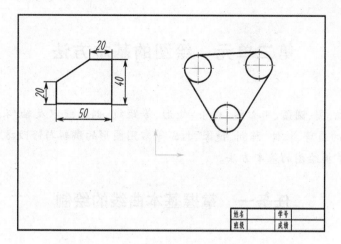

题图 1-3

第二单元　绘图的基本方法

【知识点】直线、圆、圆弧、中心线、样条、矩形、等距线、剖面线以及轴/孔等常用绘图命令的使用方法；实体的裁剪、拉伸、阵列、镜像、打断等常用图形的编辑与修改方法。

【能力目标】掌握绘图的基本方法。

任务一　掌握基本曲线的绘制

实例一　法兰盘的绘制

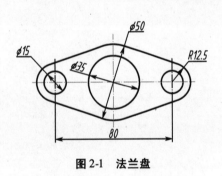

图 2-1　法兰盘

本实例为法兰盘（如图 2-1）的绘制，主要知识点如下。

(1)圆命令、中心线命令、直线及等距线命令的使用。

(2)利用工具点菜单捕捉特征点。

(3)层控制命令的使用。

(4)镜像、裁剪、拉伸等曲线编辑命令的使用方法。

(5)显示窗口、显示回溯、显示全部命令的执行。

法兰盘的绘制方法如下。

1.绘制 φ35、φ50 的圆及中心线

(1)单击属性工具栏中"选择当前层"下拉列表框右侧的下拉箭头 ▼，在弹出的图层列表中，单击"0 层"，即将当前层设置为 0 层，如图 2-2 所示。

(2)单击绘图工具栏（如图 2-3 中）的"圆"命令图标

图 2-2　设置当前层

⊕，则在作图区的左下方出现立即菜单和操作提示，如图 2-4（a）所示。

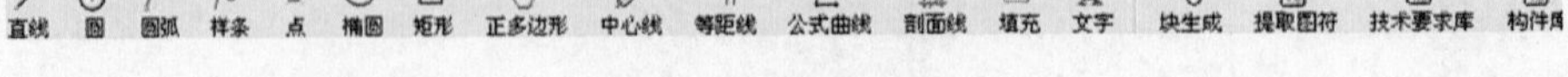

| 直线 | 圆 | 圆弧 | 样条 | 点 | 椭圆 | 矩形 | 正多边形 | 中心线 | 等距线 | 公式曲线 | 剖面线 | 填充 | 文字 | 块生成 | 提取图符 | 技术要求库 | 构件库 |

图 2-3　绘图工具栏

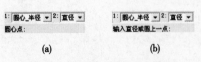

(a)　　　　(b)

图 2-4　"圆"命令的立即菜单

(3)按操作提示输入圆心（可在作图区任意位置单击鼠标左键），操作提示立即变为"输入直径或圆上一点："，如图 2-4（b）所示。用键盘输入圆的直径"35"，点击鼠标右键（或按【Enter】键），完成圆的绘制。

再一次点击鼠标右键（或按【Enter】键），重复圆命令。将作图区右下方的屏幕点设置为智能，则可准确捕捉圆心,完成直径为 50 mm 的同心圆的绘制。

(4)单击绘图工具栏中的"中心线"图标 ,在作图区的左下方出现立即菜单和操作提示,如图 2-5 所示。用鼠标左键单击直径为 50 mm 的圆,中心线立即完成,如图 2-6 所示。

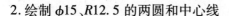

图 2-5 "中心线"命令的立即菜单   图 2-6 当前图

2. 绘制 $\phi15$、$R12.5$ 的两圆和中心线

(1)单击属性工具栏中"选择当前层"下拉列表框右侧的下拉箭头 ▼,在弹出的图层列表中,单击"中心线层",即将当前层设置为中心线层,如图 2-7 所示。

(2)单击绘图工具栏中的"等距线"图标 ∃,按图 2-8 所示设置立即菜单(点击下拉列表框右侧的下拉箭头 ▼ 选取)。按操作提示拾取圆的中心线(垂直方向),一条中心线立即完成。

图 2-7 设置中心线层为当前层

图 2-8 "等距线"命令的立即菜单

(3)单击编辑工具栏(如图 2-9 所示)中的"拉伸"命令图标 ✐,在作图区的左下方出现立即菜单和操作提示,如图 2-10 所示。拾取要拉伸的水平中心线,向左拉到所需长度。

图 2-9 编辑工具栏

图 2-10 "拉伸"命令的立即菜单

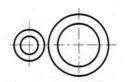

图 2-11 当前图

(4)重复操作步骤(1),再重复操作步骤(2),完成 $\phi15$ 和 $R12.5$(也用圆命令先画圆)两圆的绘制,如图 2-11 所示。

3. 绘制切线

(1)单击绘图工具栏中的"直线"图标 ╱,在作图区的左下方出现立即菜单和操作提示,如图 2-12 所示。按【Space】键弹出工具点菜单,如图 2-13 所示,用鼠标左键点取切点选项后,在 1 处单击小圆上一点;再按【Space】键弹出工具点菜单,用鼠标左键点取切点选项后,在 2 处单击大圆上一点,此时,一条切线完成,如图 2-14 所示。

图 2-12　"直线"命令的立即菜单　　　　　　　　　　　图 2-13　工具点菜单

　　(2)单击编辑工具栏中的"镜像"图标 ⚠ ,在作图区的左下方出现立即菜单和操作提示,如图 2-15 所示。按提示"拾取添加",用鼠标左键单击切线,此时立即菜单如图 2-16(a)所示,再单击鼠标右键结束拾取元素,则立即菜单变成如图 2-16(b)所示,按提示用鼠标左键单击水平中心线(作为对称轴线),切线镜像完成,如图 2-17 所示。

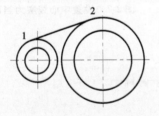

图 2-14　切线完成图　　　　　　　　　　　　　　图 2-15　"镜像"命令的立即菜单

图 2-16　执行中的镜像立即菜单　　　　　　　　　　图 2-17　镜像后的图形

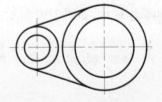

　　(3)裁剪多余的线。单击编辑工具栏中的"裁剪"图标 ✂ ,在作图区的左下方出现立即菜单和操作提示,如图 2-18 所示。按提示"拾取要裁剪的曲线",裁剪后的图形如图 2-19 所示。

　　提示　1.在裁剪过程中需要把图形放大,才能裁掉细小部分的线段,这时应单击常用工具栏(如图 2-20)中的"显示窗口"图标 🔍,按操作提示输入窗口的上角点和下角点,系统即可将窗口内的图形放大显示(窗口越小,放得越大)。

　　2.裁剪要按顺序进行,无交点时只能用删除命令。

　　3.裁剪后,可单击常用工具栏中的"显示回溯"图标 ↺。

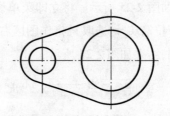

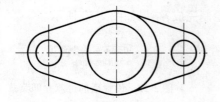

图 2-18　"裁剪"命令的立即菜单　　　　　图 2-19　裁剪后的图形

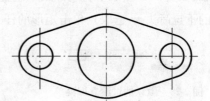

图 2-20　常用工具栏

4.镜像、整理完成全图

（1）单击编辑工具栏中的"镜像"图标 ，以左半部分作为拾取元素，垂直中心线作为对称轴线，完成镜像操作，如图 2-21 所示。

（2）单击编辑工具栏中的"裁剪"图标 ，裁剪多余的图线，完成的法兰盘图形如图 2-22 所示。

图 2-21　镜像后的图形　　　　　　　　图 2-22　裁剪后的法兰盘图形

实例二　端盖的绘制

本实例为端盖（如图 2-23）的绘制，主要知识点如下。

（1）圆命令、中心线命令、矩形命令的使用。

（2）利用工具点菜单捕捉特征点。

（3）层控制命令的使用。

（4）过渡（多圆角）、阵列等曲线编辑命令的使用方法。

（5）显示窗口、显示回溯、显示全部命令的执行。

端盖的绘制方法如下。

1.绘制 φ50 的圆及矩形

（1）在属性工具栏默认当前层为 0 层的前提下（如图 2-24），单击绘图工具栏中的"圆"图标 ，完成 φ50 的圆的绘制。

（2）单击绘图工具栏中的"矩形"图标 ，在作图区的左下方出现默认的立即菜单和操作

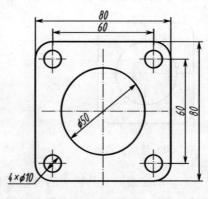

图 2-23　端盖

提示,如图 2-25 所示。将立即菜单设置成如图 2-26 所示的矩形立即菜单(点击下拉列表框右侧的下拉箭头 ▼ 选取),将作图区右下方的屏幕点设置为智能,即可准确捕捉圆心,完成矩形的绘制,结果如图 2-27 所示。

图 2-24　属性工具栏　　　　　　　　　　　　　　图 2-25　默认的矩形立即菜单

图 2-26　设置后的矩形立即菜单　　　　　　　　图 2-27　绘制矩形

2. 绘制圆角

单击编辑工具栏中的"过渡"图标 ,在作图区的左下方出现默认的立即菜单和操作提示,如图 2-28 所示。将立即菜单设置成如图 2-29 所示的过渡立即菜单(点击下拉列表框右侧的下拉箭头 ▼ 选取),单击矩形的任意一条边,则圆角绘制完成,结果如图 2-30 所示。

1：圆角 ▼	2：裁剪 ▼	3：半径＝	10

拾取第一条曲线：

1：多圆角 ▼	2：半径＝	10

拾取首尾相连的直线：

图 2-28　默认的过渡立即菜单　　　　　　　　　图 2-29　设置后的过渡立即菜单

3. 绘制 4 个 $\phi 10$ 的小圆

(1)单击绘图工具栏中的"圆"图标 ,完成 $\phi 10$ 小圆的绘制。因为小圆与圆角同心,作图区右下方的屏幕点仍设置为智能,可准确捕捉圆角的圆心,完成小圆的绘制,结果如图 2-31 所示。单击"中心线"图标,左键单击 $\phi 10$ 小圆,完成中心线的绘制。

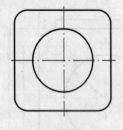

图 2-30　绘制多圆角

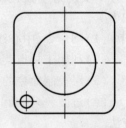

图 2-31　绘制小圆

(2)单击编辑工具栏中的"阵列"图标 ,在作图区的左下方出现默认的立即菜单和操作提示,如图 2-32 所示。将立即菜单设置成如图 2-33 所示的阵列立即菜单(点击下拉列表框右侧的下拉箭头 ▼ 选取),左键拾取小圆和十字中心线后点击右键,阵列完成后的端盖图形如图 2-34 所示。

图 2-32　默认的阵列立即菜单　　　　　　图 2-33　设置后的阵列立即菜单

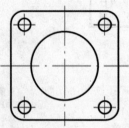

图 2-34　阵列后的端盖图形

提示　矩形阵列的阵列元素应在阵列范围的左下角绘出,因阵列时,行间距、列间距一般给正值;若阵列元素在阵列范围的右上角绘出,需给负值。

任务二　掌握高级曲线的绘制

实例三　小轴的绘制

本实例为小轴(如图 2-35)的绘制,主要知识点如下。

(1)孔/轴命令、直线(角度线、平行线)命令、镜像命令、倒角命令的使用。

(2)圆命令、样条命令、剖面线命令的使用。

(3)利用工具点菜单捕捉特征点。

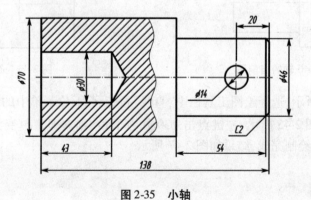

图 2-35　小轴

小轴的绘制方法如下。

1. 绘制轴和孔

(1)在属性工具栏默认当前层为 0 层的前提下,单击绘图工具栏Ⅱ(如图 2-36)中的"孔/轴"图标✛,在作图区的左下方出现默认的立即菜单和操作提示,如图 2-37 所示;按提示插入轴上最左点,在任意位置点击左键,则立即菜单如图 2-38 所示;设置立即菜单,如图 2-39 所示;

向右移动鼠标(绘制轴方向),用键盘输入轴的长度"138 − 54",如图 2-40 所示;点击鼠标右键,完成 φ70 轴的绘制,结果如图 2-41 所示。将起始直径、终止直径设置为"46",插入点选在 φ70 轴的右端中点,键入轴的长度"54",点击鼠标右键完成图形绘制,结果如图 2-42 所示。

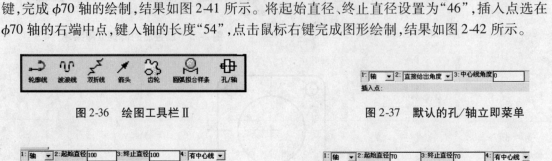

图 2-36　绘图工具栏Ⅱ　　　　　　　　　　　图 2-37　默认的孔/轴立即菜单

图 2-38　插入点后的孔/轴默认立即菜单　　　图 2-39　设置后的孔/轴立即菜单

图 2-40　键入轴的长度后的孔/轴立即菜单　　　图 2-41　φ70 轴的当前图

(2)重复孔/轴命令,将 φ70 轴的左端中心作为插入点,起始直径、终止直径设置为"30",键入轴孔的长度"43",点击鼠标右键完成图形绘制,结果如图 2-43 所示。

图 2-42　φ70 轴、φ46 轴的当前图　　　　　　图 2-43　φ30 孔的当前图

(3)如图 2-44 所示,选择绘图工具栏中"直线"按钮 ✏ 下拉菜单中的"角度线",将角度线立即菜单设置成如图 2-45 所示,左键点击 φ30 孔右下角,则立即菜单变为图 2-46 所示,点击轴的中心线,角度线绘制完成,结果如图 2-47 所示。

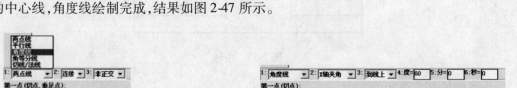

图 2-44　角度线立即菜单选择　　　　　　　　图 2-45　设置后的角度线立即菜单

(4)单击编辑工具栏中的"镜像"图标 ⚏,以刚完成的角度线作为拾取元素,轴的中心线作为对称轴线,完成镜像操作,结果如图 2-48 所示。

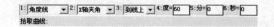

图 2-46 第一点执行后的角度线立即菜单

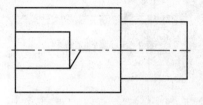

图 2-47 绘制角度线

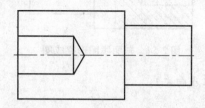

图 2-48 镜像后的图形

2. 绘制样条曲线

在属性工具栏设置当前层为"细实线层"的前提下,单击绘图工具栏中的"样条曲线"图标 ~,立即菜单变为如图 2-49 所示的样条曲线立即菜单。将鼠标移动到图中所示位置,出现"最近点"符号时(如图 2-49 所示,作图区右下方的屏幕点设置为智能),点击鼠标左键,往下移动,到下面轮廓线出现"最近点"符号时(如图 2-50 所示),点击鼠标左键(必须保证点在线上,即所画样条线与轴上线段构成封闭图形),再点击鼠标右键(完成样条曲线绘制)。

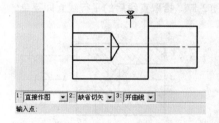

图 2-49 样条曲线立即菜单

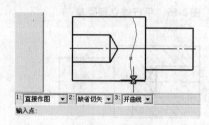

图 2-50 样条曲线绘制图

3. 绘制剖面线

单击绘图工具栏中的"剖面线"图标 ,立即菜单如图 2-51 所示。在图 2-52 光标所在位置拾取环内点,上半部分变红;再拾取图 2-53 光标所在位置处的点,下半部分也变红。点击鼠标右键,则剖面线绘制完成,结果如图 2-54 所示。

图 2-51 剖面线立即菜单

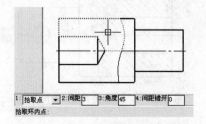

图 2-52 拾取环内点 1

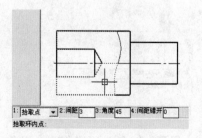

图 2-53 拾取环内点 2

提示 系统根据拾取点向外搜索最小封闭环,进而根据环生成剖面线(搜索方向为从拾

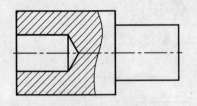

图 2-54　剖面线图形完成图

图 2-55　属性工具栏

取点向左）。

4. 绘制 $\phi14$ 的圆及中心线

在属性工具栏设置当前层为"中心线层"的前提下（如图 2-55 所示），单击绘图工具栏中"直线"按钮　／　下拉菜单中的"平行线"，立即菜单如图 2-56 所示；按提示拾取轴最右端的竖直线，立即菜单如图 2-57 所示；向左移动鼠标，键入"20"后，单击右键，平行线绘制完成，结果如图 2-58 所示。

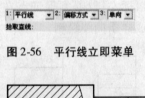

图 2-56　平行线立即菜单

图 2-57　拾取直线后的平行线立即菜单

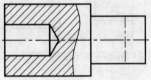

图 2-58　平行线完成图

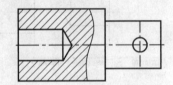

图 2-59　绘制 $\phi14$ 的圆

在属性工具栏设置当前层为"0 层"的前提下，单击绘图工具栏中的"圆"图标 ⊕，完成 $\phi14$ 圆的绘制，结果如图 2-59 所示。

5. 绘制倒角

单击编辑工具栏中的"过渡"图标 ，选择"外倒角"，将立即菜单设置成如图 2-60 所示。拾取参与倒角的三条线，完成倒角。至此，小轴的绘制全部完成，如图 2-61 所示。

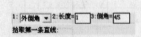

图 2-60　外倒角立即菜单

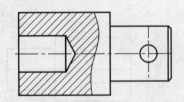

图 2-61　外倒角完成后的小轴图形

提示　一般孔的倒角选内倒角；轴的倒角选外倒角（轴的剖视图中选倒角）。

实例四　开槽螺母的绘制

本实例为开槽螺母(如图 2-62)的绘制,主要知识点如下。

(1)正多边形命令、直线(两点线、平行线)命令、圆命令、中心线命令等绘图命令的使用。

(2)裁剪、打断、阵列等编辑命令的使用。

(3)利用工具点菜单捕捉特征点。

(4)显示窗口、显示回溯等命令的执行。

开槽螺母的绘制方法如下。

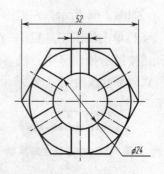

图 2-62　开槽螺母

1.绘制 φ24 的圆、六边形及内接圆

(1)在属性工具栏设置当前层为"0 层"的前提下,单击绘图工具栏中的"圆"图标 ⊕,完成 φ24 圆的绘制。

(2)单击绘图工具栏中的"正多边形"图标 ⊙,屏幕左下方出现正多边形立即菜单,如图 2-63 所示。按提示捕捉 φ24 圆的圆心位置(智能状态下),确定正六边形的中心点。此时,立即菜单为图 2-64 所示的正多边形立即菜单。

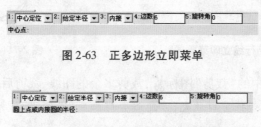

图 2-63　正多边形立即菜单

图 2-64　确定中心点后的正多边形立即菜单

(3)按提示键入"26"(半径),完成正六边形的绘制,结果如图 2-65 所示。

(4)再次单击绘图工具栏中的"圆"图标 ⊕,设置立即菜单如图 2-66 所示,按提示按下【Space】键,弹出屏幕点菜单(如图 2-66 所示)。点击"切点"后,拾取正六边形的一条边,即捕捉到圆上的一点(与正六边形的一个切点)。再重复两次上述操作,捕捉到三个切点,即完成内接圆的绘制,结果如图 2-67 所示。

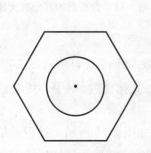

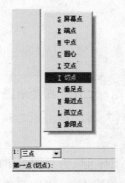

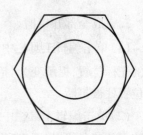

图 2-65　φ24 圆和正六边形的完成图　　图 2-66　三点圆立即菜单　　图 2-67　内接圆完成图

2. 绘制中心线、两平行线（开口槽）

（1）单击绘图工具栏中的"中心线"命令图标 ⌀，在作图区的左下方出现立即菜单和操作提示，如图 2-68 所示。左键单击内接圆，中心线绘制完成。

（2）单击绘图工具栏中"直线"图标 ✎ 下拉菜单中的"平行线"，设置立即菜单如图 2-69 所示；按提示拾取竖中心线直线，立即菜单变为如图 2-70 所示，按提示键入"4"，单击鼠标右键，双向平行线绘制完成，结果如图 2-71 所示。

图 2-68   中心线立即菜单

图 2-69   设置后的平行线立即菜单

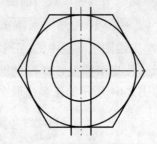

图 2-70   拾取直线后的平行线立即菜单

图 2-71   平行线完成图

（3）单击编辑工具栏中的"裁剪"图标 ✂，裁剪多余的图线，裁剪后的图形如图 2-72 所示。

提示   裁剪图形时务必将窗口放大，方能裁剪得彻底（如图 2-73 所示）。

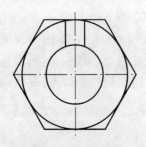

图 2-72   裁剪后的图形

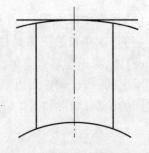

图 2-73   裁剪后的局部放大图

3. 完成全部开口槽

（1）单击编辑工具栏中的"打断"图标 ⊔（立即菜单提示"拾取曲线："），再单击图 2-74 所示的光标位置，提示变为"拾取打断点："，再次单击图 2-74 所示的光标位置，则中心线在该光标位置处被打断。

（2）单击编辑工具栏中的"阵列"图标 ⊞，将立即菜单设置成如图 2-75 所示。按提示拾取需阵列的三条线，如图 2-76 所示，点击鼠标右键，立即菜单变为如图 2-77 所示。按提示点击圆心（智能状态下），作为阵列的中心点。图形阵列完成后的开槽螺母图形如图 2-78 所示。

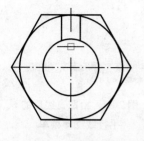

图 2-74　打断位置

图 2-75　设置后的阵列立即菜单

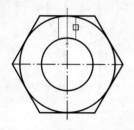

图 2-76　拾取需阵列的三条线

图 2-77　拾取后的阵列立即菜单

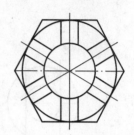

图 2-78　阵列后的
开槽螺母图形

实例五　平面轮廓图的绘制(一)

本实例为平面轮廓图(一)(如图 2-79)的绘制,主要知识点如下。

(1)直线(平行线)命令、圆命令、中心线命令等绘图命令的使用。

(2)拉伸、裁剪、过渡(圆角)等编辑命令的使用。

(3)利用工具点菜单捕捉特征点。

平面轮廓图的绘制方法如下。

1.绘制 φ20、φ40 的圆和中心线

(1)在属性工具栏默认当前层为"0 层"的前提下,单击绘图工具栏中的"圆"图标 ⊕,完成 φ20、φ40 圆的绘制。

(2)单击绘图工具栏中的"中心线"命令图标 ⊘,单击直径为 40 mm 的圆,中心线立即完成,如图 2-80 所示。

2.绘制两平行线

(1)单击绘图工具栏中的"直线"图标 ✎ 下拉菜单中的"平行线",设置立即菜单如图2-81所示;按提示拾取竖中心线,则立即菜单变为如图 2-82 所示的平行线立即菜单,按提示键入"10",单击右键,双向平行线绘制完成,结果如图 2-83 所示。

(2)单击编辑工具栏中的"拉伸"图标 ✐,拾取要拉伸的三条垂直线,向下拉到所需长度,结果如图 2-84 所示。

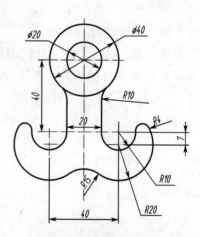

图 2-79　平面轮廓图(一)

图 2-80　绘制圆和
中心线

图 2-81　设置后的
平行线立即菜单

图 2-82　拾取直线后的
平行线立即菜单

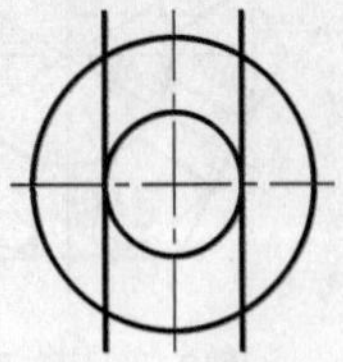

图 2-83　平行线完成图

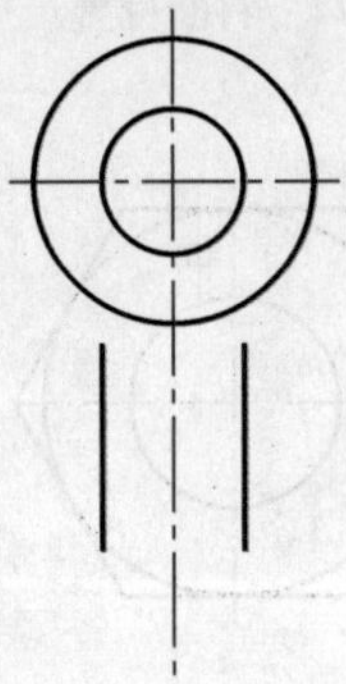

图 2-84　拉伸后的图形

　　提示　拉伸两条粗实线时,从线的上端往下拉;拉伸中心线时,从线的下端往上拉,结果才会如图 2-84 所示。

　　3. 绘制 $R10$ 的过渡圆角

　　单击编辑工具栏中的"过渡"图标 ，将立即菜单设置成如图 2-85 所示的圆角过渡立即菜单。先拾取参与过渡的一条直线,再拾取 $\phi40$ 的圆,完成 $R10$ 的圆角过渡,结果如图 2-86 所示。

图 2-85　设置后的圆角过渡
立即菜单

图 2-86　圆角过渡后的图形

　　4. 绘制 $\phi20(R10)$、$\phi40(R20)$ 的圆及中心线

　　(1)在属性工具栏设置当前层为"中心线层"的前提下,单击绘图工具栏中的"直线"图标 下拉菜单中的"平行线",分别将平行线立即菜单设置成如图 2-87 和图 2-88 所示,完成的图形如图 2-89 所示。

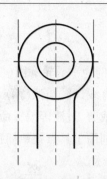

图 2-87 平行线立即菜单

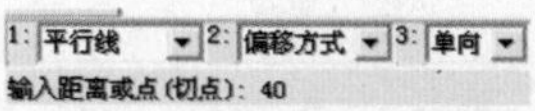

图 2-88 平行线立即菜单

图 2-89 用平行线求得 $R10$ 圆的圆心

(2)在属性工具栏修改当前层为"0 层"的前提下,单击绘图工具栏中的"圆"图标 ⊕(智能状态下),完成 $\phi20$($R10$)圆的绘制,结果如图 2-90 所示。

(3)重复上面两步的操作,确定 $\phi40$ 圆的圆心并绘制 $\phi40$ 的圆,结果如图 2-91 所示。

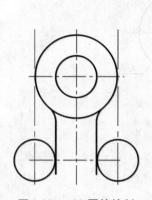

图 2-90 $\phi20$ 圆的绘制

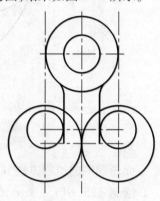

图 2-91 $\phi40$ 圆的绘制

5.绘制圆角过渡($R15$、$R4$)并整理图形

(1)单击"过渡"图标,完成 $R15$ 和 $R4$ 圆弧的过渡,结果如图 2-92 所示。

(2)单击编辑工具栏中的"裁剪"图标 ✂,裁剪掉多余的圆弧及直线。

(3)单击编辑工具栏中的"拉伸"图标 ✎,拾取要拉伸或缩短的线段,拉到所需长度,完成平面轮廓图(一)全图,结果如图 2-93 所示。

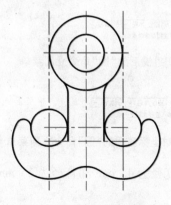

图 2-92 圆角过渡后的图形

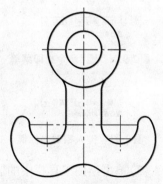

图 2-93 整理后的平面轮廓图
(一)的图形

实例六　平面轮廓图的绘制（二）

本实例为平面轮廓图（二）（如图 2-94）的绘制，主要知识点如下。

（1）直线、圆、圆弧（两点半径）、中心线、等距线（链拾取）等绘图命令的使用。

（2）裁剪、过渡等编辑命令及【F4】功能键的使用。

（3）利用工具点菜单捕捉特征点。

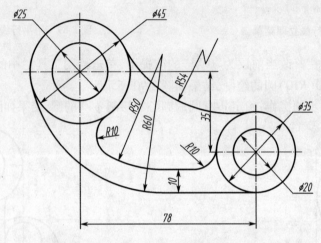

图 2-94　平面轮廓图（二）

平面轮廓图的绘制方法如下。

1. 绘制 $\phi25$、$\phi45$、$\phi20$、$\phi35$ 的圆和中心线

（1）在属性工具栏默认当前层为"0 层"的前提下，单击绘图工具栏中的"圆"图标 ⊕，完成 $\phi25$、$\phi45$ 圆的绘制。

（2）单击鼠标右键（或按【Enter】键），重复圆命令操作，立即菜单如图 2-95 所示，提示"圆心点："；这时按下【F4】键，立即菜单变成如图 2-96 所示，提示"请指定参考点："；拾取 $\phi25$ 圆的圆心（智能前提下），立即菜单如图 2-97 所示，又提示"圆心点："；键入相对坐标值"@ 78，－35"，单击鼠标右键，立即菜单变成如图 2-98 所示，再键入直径"20"、直径"35"。

1: 圆心_半径 ▼ 2: 直径 ▼ 圆心点：	1: 圆心_半径 ▼ 2: 直径 ▼ 请指定参考点：
图 2-95　"圆"命令立即菜单	**图 2-96　按【F4】键后的"圆"命令立即菜单**
1: 圆心_半径 ▼ 2: 直径 ▼ 圆心点：@78,-35	1: 圆心_半径 ▼ 2: 直径 ▼ 输入直径或圆上一点：
图 2-97　键入相对坐标值	**图 2-98　键入相对坐标值后的"圆"命令立即菜单**

（3）单击绘图工具栏中的"中心线"命令图标 ∅，左键单击直径为 45 mm 和直径为 35 mm 的圆，中心线立即完成，结果如图 2-99 所示。

2. 绘制 *R*54 的圆弧

单击绘图工具栏中的"圆弧"命令图标 ，将立即菜单设置成如图 2-100 所示。根据提示"第一点："，按下【Space】键（或键入"T"），出现如图 2-101 所示的工具点菜单。点取切点后，再点击 φ45 的圆，位置如图 2-102 所示，则立即菜单变为如图 2-103 所示，再次按下【Space】键（或键入"T"），出现如图 2-101 所示的工具点菜单。点取切点后，再点击 φ35 的圆，位置如图 2-103 所示。移动鼠标绘制圆弧，如图 2-104 所示。按提示键入半径"54"，再单击鼠标右键，完成 *R*54 圆弧的绘制，结果如图 2-105 所示。

图 2-99　圆、中心线完成图　　　图 2-100　"圆弧"命令立即菜单　　　图 2-101　工具点菜单

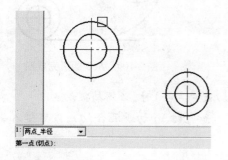

图 2-102　点击 φ45 圆（切点）的位置

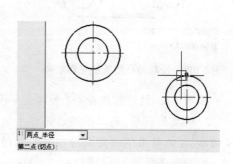

图 2-103　点击 φ35 圆（切点）的位置

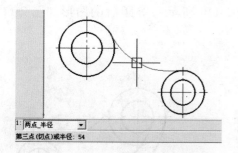

图 2-104　绘制 *R*54 圆弧的光标状态

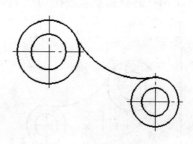

图 2-105　*R*54 圆弧完成图

3. 绘制直线和 *R*60 的圆弧

（1）单击绘图工具栏中的"直线"图标 ，将立即菜单设置成如图 2-106 所示。第一点位置（智能状态下）为图 2-106 所示的"×"处。根据提示"第二点："点击适当位置，完成直线绘制，结果如图 2-107 所示。

（2）重复第 2 步操作。以两点（切点、切点）-半径方式，完成 *R*60 圆弧的绘制（见图

2-108），结果如图 2-109 所示。

（3）单击编辑工具栏中的"裁剪"图标，裁剪掉多余的直线。

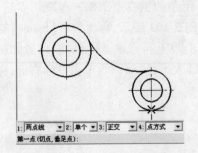

图 2-106　设置后的直线立即菜单

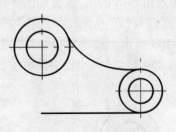

图 2-107　直线完成图

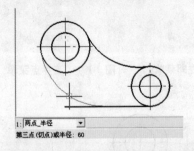

图 2-108　绘制 R60 圆弧的光标状态

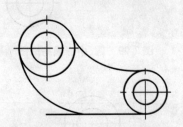

图 2-109　R60 圆弧完成图

提示　1. 执行圆弧命令（如两点－半径，即切点、切点－半径）时，必须捕捉切点。

2. 捕捉切点后，还必须移动光标至所需圆弧的状态（如内切、外切或混合切），方可键入半径回车，否则结果不一定是所想要绘制的图形。

4. 绘制等距线（链拾取）

单击绘图工具栏中的"等距线"图标，将立即菜单设置成如图 2-110 所示。按操作提示拾取 R60 的圆弧（与之相切的直线同时亮显，如图 2-110 所示），等距后的图形如图 2-111 所示。

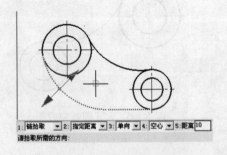

图 2-110　设置后的等距立即菜单

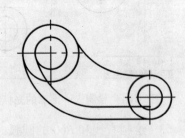

图 2-111　等距后的图形

5. 两个 R10 的圆角过渡

单击编辑工具栏中的"过渡"图标，将立即菜单设置成如图 2-112 所示；先拾取等距后获得的圆弧,再拾取 $\phi45$ 的圆,完成左边 $R10$ 圆角的过渡;然后,先拾取参与过渡的一条直线再拾取 $\phi35$ 的圆,完成右边 $R10$ 圆角的过渡,完成的图形如图 2-113 所示。

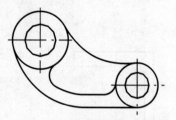

图 2-113　完成的平面轮廓图(二)
　　　　　　　的图形

图 2-112　设置后的圆角立即菜单

实例七　槽钢的绘制

本实例为槽钢(如图 2-114)的绘制,主要知识点如下。

(1)等分点、直线、等距线、中心线、剖面线等绘图命令的使用。

(2)比例缩放、圆角过渡、镜像、删除等编辑命令的使用。

(3)捕捉特征点和基本尺寸的标注。

槽钢的绘制方法如下。

1. 绘制上半部分

(1)单击绘图工具栏中的"直线"图标 ,将立即菜单设置成如图 2-115 所示。以方向加距离方式,按 19、8、43、40(80/2)、5、适当长(与 $R8$ 过渡的线,长短没关系)的顺序绘制直线(按这样的顺序,可一次性完成),如图 2-116 所示。右键重复上次命令,画任意长度的一条水平线(为清晰起见,可在图外画出)和垂直线。

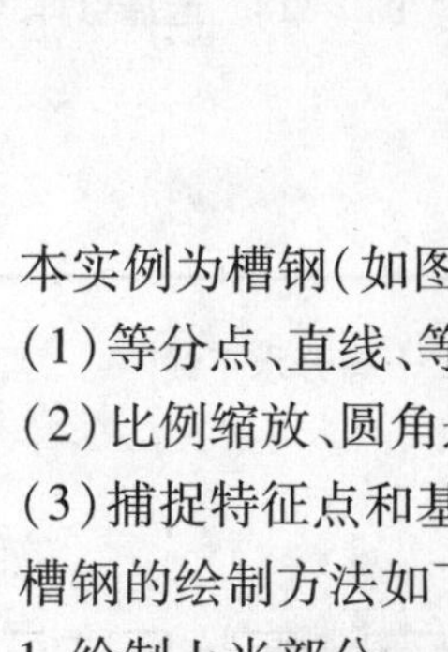

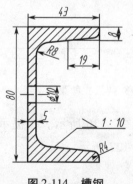

图 2-114　槽钢

图 2-115　设置后的直线立即菜单

(2)设置点样式。单击主菜单中"格式"的"点样式"下拉菜单(如图 2-117 所示),在弹出的对话框中选择一种样式,如图 2-118 所示,然后单击"确定"按钮。

(3)画 1:10 的斜度线。单击绘图工具栏中的"点"图标 ,将立即菜单设置成如图 2-119 所示,点击水平线,等分点完成。再过一等分点做一条 45°线,如图 2-121 所示在直线的选项菜单里选择"角度线",角度线立即菜单如图 2-122 所示。绘制出的角度线与垂直线的交点即为一等分点,过该点与左端点连线,即得到 1:10 的斜度线,如图 2-123 所示。

(4)单击编辑工具栏中的"平移/拷贝"图标 ,将立即菜单设置成如图 2-124 所示;按提

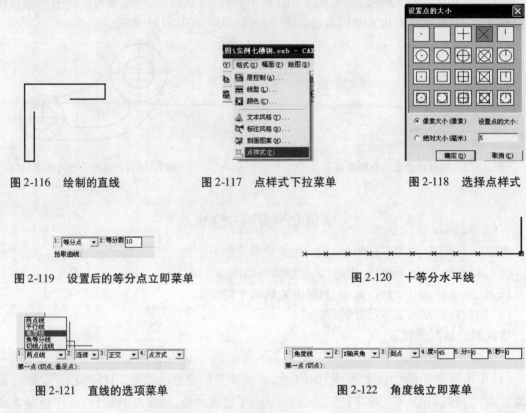

图 2-116　绘制的直线　　　　图 2-117　点样式下拉菜单　　　　图 2-118　选择点样式

图 2-119　设置后的等分点立即菜单　　　　　　　图 2-120　十等分水平线

图 2-121　直线的选项菜单　　　　　　　　图 2-122　角度线立即菜单

示拾取斜度线,提示变为第一点时,拾取斜度线的中点,提示第二点时捕捉直线(长度为 19 mm)的左端点,平移后得到图形如图 2-125 所示。

图 2-123　绘制出的 1∶10 斜度线　　　　　　图 2-124　平移/拷贝立即菜单

(5)单击编辑工具栏中的"过渡"图标，将立即菜单设置成如图 2-126 所示。按提示拾取参与过渡的两条线,重复上面操作变半径为 R4,得到的图形如图 2-127 所示。

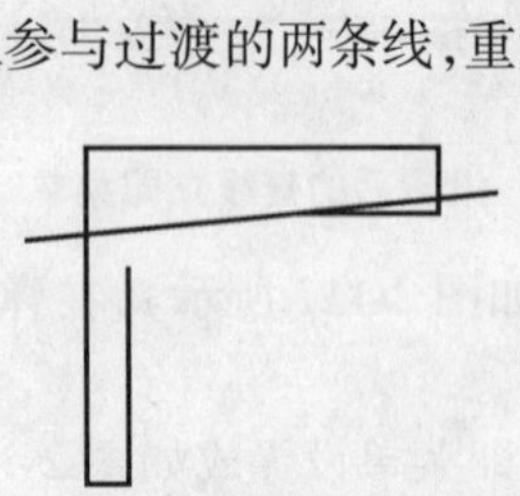

图 2-125　平移后的斜度线 　　　　　　图 2-126　设置后的圆角过渡立即菜单

(6)单击编辑工具栏中的"删除"图标，删掉多余线段。

2.绘制下半部分

(1)单击编辑工具栏中的"镜像"图标 ▲▲ ,设置立即菜单如图 2-128 所示。按提示拾取完成的全部图线,单击鼠标右键,按提示拾取底线(作为对称轴线),镜像后的图形如图 2-129 所示。

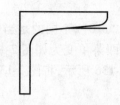

图 2-127 圆角过渡后的图形

图 2-128 镜像立即菜单

(2)单击绘图工具栏中的"等距线"图标 ☐ (或"直线"→"平行线"),设置立即菜单如图 2-130 所示,等距后的图形如图 2-131 所示。单击编辑工具栏中的"删除"图标 ✎ ,删掉孔中心位置的粗实线。

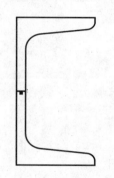

图 2-129 镜像后的图形

图 2-130 等距立即菜单

(3)单击绘图工具栏中的"中心线"命令图标 ✎ ,按提示"拾取第一条直线:",再"拾取另一条直线:",中心线立即完成,结果如图 2-132 所示。

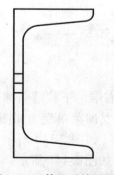

图 2-131 等距后的图形

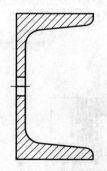

图 2-132 完成图形

(4)单击绘图工具栏中的"剖面线"图标 ▨ ,拾取环内点(两处),点击鼠标右键结束操作,则剖面线绘制完成,结果如图 2-132 所示。

3. 标注尺寸

图 2-133　默认的基本标注立即菜单

（1）单击"标注工具"→"尺寸标注"图标 ↤↦，立即菜单如图 2-133 所示。点击长度为 43 mm 的直线，立即菜单变为如图 2-134 所示。拖动鼠标至适当的位置，点击左键确定尺寸线位置。同法标注直线尺寸"19"、"8"（需先画出细水平线和细垂直线）。

（2）重复上述操作，标注直线尺寸"80"、"5"、"φ10"，不同的是当立即菜单如图 2-134 所示时，要拾取另一个标注元素，立即菜单变为如图 2-135 时，才能确定尺寸线位置。当标注直线尺寸"φ10"时，立即菜单如图 2-136 所示，将图 2-134 中的"长度"选项改为"直径"（或在尺寸值栏内键入"%c10"）。

提示　当拾取的标注元素即为标注长度时（镜像后的长度除外），可直接点取该线段，否则，要拾取两条平行线来确定线段的长度。

图 2-134　拾取标注元素后的立即菜单

图 2-135　拾取另一个标注元素后的立即菜单

图 2-136　标注直径的立即菜单

（3）单击"标注工具"→"尺寸标注"图标 ↤↦，点击圆弧，标注"R8"、"R4"时，立即菜单设置成如图 2-137 所示，确定尺寸线位置即可完成标注。

图 2-137　标注圆弧时的立即菜单

图 2-138　选项菜单

（4）标注斜度尺寸。单击基本标注右端的下拉箭头弹出选项菜单，如图 2-138 所示。单击"锥度标注"，立即菜单变为如图 2-139 所示。将图 2-139 中的"锥度"改为"斜度"，如图 2-140 所示。按提示"拾取轴线"（即水平线），立即菜单变为如图 2-141 所示。拾取斜度线，立即菜单变为如图 2-142 所示。确定定位点，则斜度尺寸标注完成，结果如图 2-114 所示。

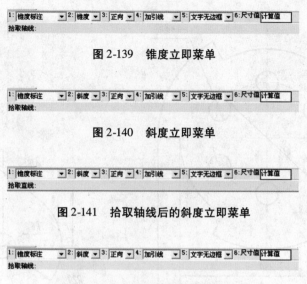

图 2-139　锥度立即菜单

图 2-140　斜度立即菜单

图 2-141　拾取轴线后的斜度立即菜单

图 2-142　拾取直线后的斜度立即菜单

4. 比例缩放

考虑到所标尺寸过小，应将图形放大。单击编辑工具栏中的"比例缩放"图标 ⊡，按提示"拾取添加："拾取全图，点击鼠标右键，立即菜单变为如图 2-143 所示，按提示点击基点，立即菜单变为如图 2-144 所示，键入"2∶1"，点击鼠标右键，即可得到放大后的槽钢图形，如图 2-145 所示。

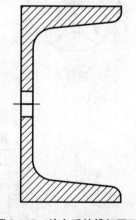

图 2-143　等距立即菜单 　　　图 2-144　等距立即菜单　　　图 2-145　放大后的槽钢图形

练习题

1. 绘制题图 2-1～题图 2-15(不注尺寸)。

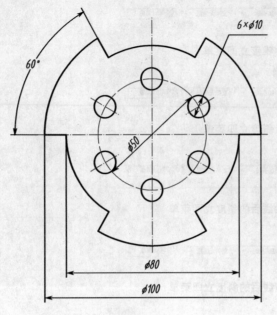

题图 2-1

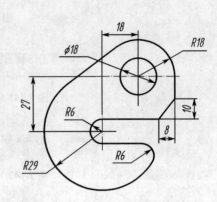

题图 2-2

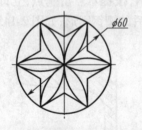

题图 2-3

题图 2-4

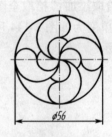

题图 2-5

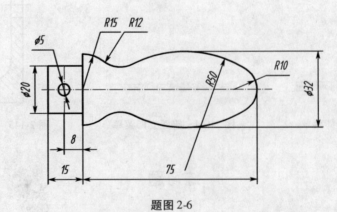

题图 2-6

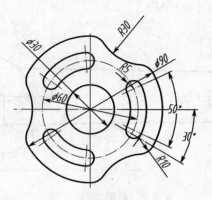

题图 2-7

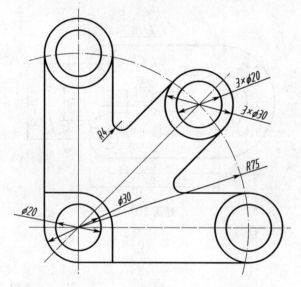

题图 2-8

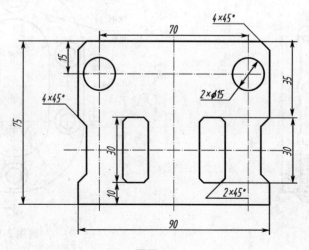

题图 2-9

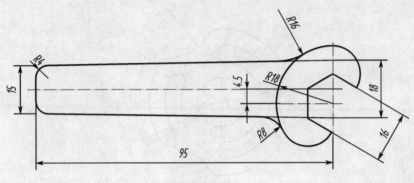

题图 2-10

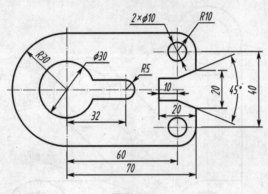

题图 2-11

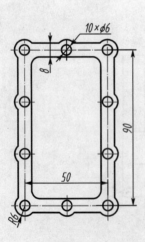

题图 2-12

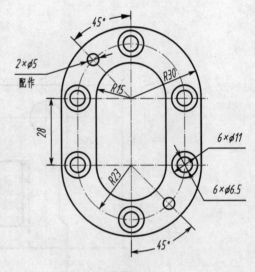

题图 2-13

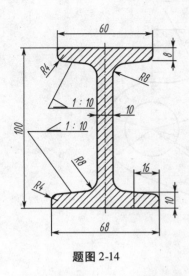

题图 2-14

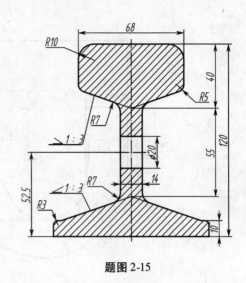

题图 2-15

2. 绘制题图 2-16～题图 2-27（按图形给出的图幅设置比例），画出图框（图框长、宽比图幅各小 20 mm）及标题栏（标题栏尺寸见第一单元图 1-38 所示），并标注尺寸。

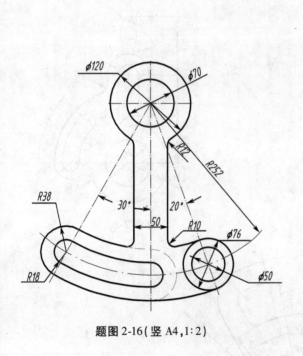

题图 2-16（竖 A4，1:2）

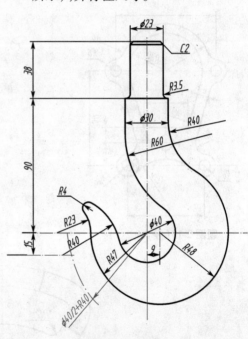

题图 2-17（竖 A4）

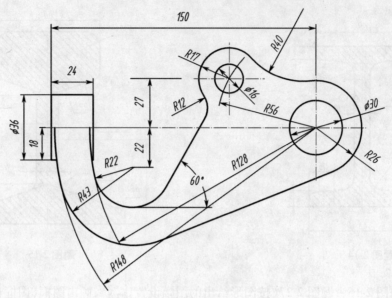

题图 2-18（横 A4）

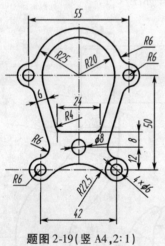

题图 2-19（竖 A4, 2:1）

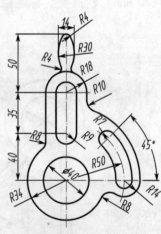

题图 2-20（竖 A4）

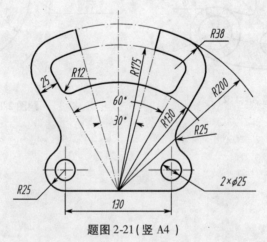

题图 2-21（竖 A4）

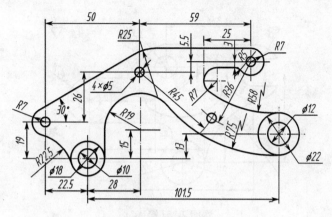

题图 2-22（横 A4）

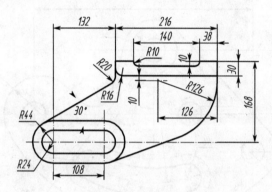

题图 2-23（横 A3）

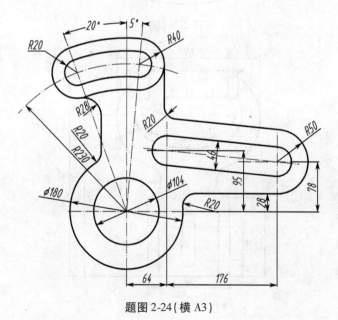

题图 2-24（横 A3）

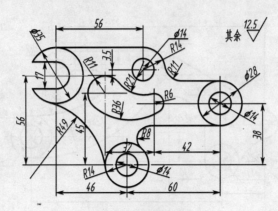

题图 2-25 (横 A4)

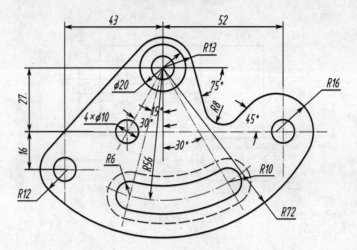

题图 2-26 (横 A4)

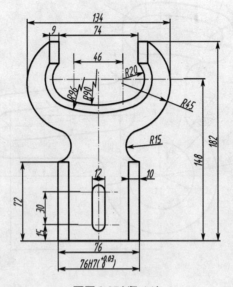

题图 2-27 (竖 A4)

第三单元 三视图的画法

【知识点】三视图导航、比例缩放、剖视图绘制。

【能力目标】掌握三视图的绘制方法（三视图导航）、剖视图的绘制。

任务一 掌握三视图的画法

实例八 三视图的绘制

本实例为三视图（如图3-1）的绘制，主要知识点如下。

（1）孔/轴命令、直线（两点线、平行线）命令、圆命令、中心线命令等绘图命令的使用。

（2）拉伸、裁剪、镜像和齐边等编辑命令的使用。

（3）导航、三视图导航命令的使用。

（4）利用工具点菜单捕捉特征点。

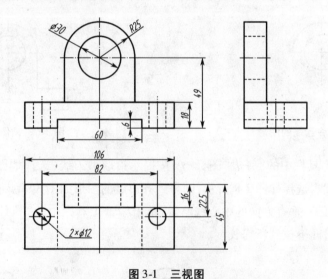

图3-1 三视图

三视图的绘制方法如下。

1.绘制主视图

（1）在属性工具栏默认当前层为0层的前提下，单击绘图工具栏中的"圆"图标⊕，完成φ50、φ30圆的绘制。

（2）单击绘图工具栏中的"中心线"命令图标∅，左键单击φ50的圆，中心线立即完成，结果如图3-2所示。

（3）单击编辑工具栏中的"裁剪"图标✄，裁剪掉多余的半圆，裁剪后的图形如图3-3

所示。

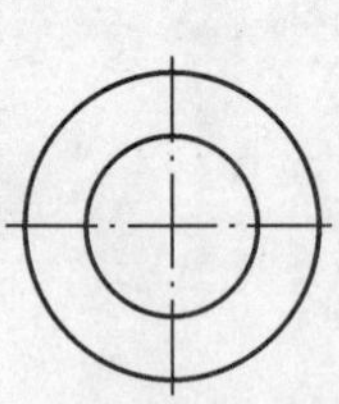

图 3-2　两圆及中心线的绘制

图 3-3　裁剪后的图形

图 3-4　设置后的直线命令立即菜单

（4）单击绘图工具栏中的"直线"图标✏，将立即菜单设置成如图 3-4 所示的直线命令立即菜单。直线第一点从半圆的左端点画起（作图区右下方的屏幕点设置为智能，可自动捕捉），向下移动鼠标，用键盘输入"49－18"，单击右键；向左移动鼠标，键入"106/2－25"，单击右键；向下移动鼠标，键入"18"，单击右键；向右移动鼠标，键入"106/2－30"，单击右键；向上移动鼠标，键入"6"，单击右键；向右移动鼠标，键入"30"，单击右键。总之，用方向加距离的方式完成直线的绘制，结果如图 3-5 所示。

（5）单击编辑工具栏中的"镜像"图标 ◢◣，以左半部分直线作为拾取元素，垂直中心线作为对称轴线，用拷贝的方式完成镜像操作，结果如图 3-6 所示。

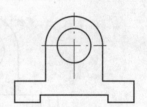

图 3-5　用直线命令绘制的图形

图 3-6　镜像后的图形

（6）单击编辑工具栏中的"齐边"图标 ╱，按提示拾取剪刀线，选择如图 3-7 所示；再按提示拾取要编辑的曲线，选择如图 3-8 所示，则得到齐边后的图形如图 3-9 所示。

（7）由图 3-9 可见，垂直方向的中心线略短，单击编辑工具栏中的"拉伸"图标 ✏，拾取要拉伸的垂直中心线，向下拉到所需长度。

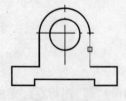

图 3-7　拾取剪刀线

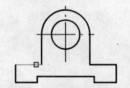

图 3-8　拾取要编辑的曲线

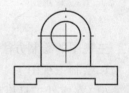

图 3-9　齐边后的图形

（8）在属性工具栏设置当前层为虚线层的前提下，单击绘图工具栏Ⅱ中的"孔/轴"图标 ⊕，将立即菜单设置为如图 3-10 所示的孔/轴立即菜单；提示为"插入点"时，按下键盘上的【F4】键，则立即菜单如图 3-11 所示；左键单击图 3-12 所示的位置作为参考点，立即菜单又变为如图 3-13 所示的孔/轴立即菜单;键入相对坐标"@ –41,0",点击鼠标右键,图形如图 3-14 所示时点击左键,然后单击鼠标右键完成 φ12 孔的绘制,结果如图 3-15 所示。

图 3-10　设置后的孔/轴立即菜单　　　　　　　　　图 3-11　按下【F4】键后的孔/轴立即菜单

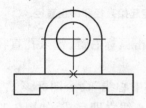

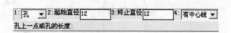

图 3-12　指定参考点　　　　　　　　　　　　　　图 3-13　设置后的孔/轴立即菜单

(9)单击编辑工具栏中的"镜像"图标 ◭,以左孔作为拾取元素,垂直中心线作为对称轴线,用拷贝的方式完成镜像操作,结果如图 3-16 所示。

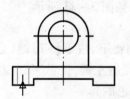
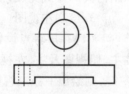
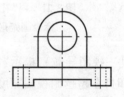

图 3-14　确定孔的长度　　　　图 3-15　完成左孔的绘制　　　　图 3-16　镜像后的图形

2. 绘制俯视图

(1)在属性工具栏中将当前层设置为"0 层";作图区右下方的屏幕点设置为导航(如图 3-17所示)。

提示　画俯视图(第二视图)时,必须启动导航,以保证主视图、俯视图长对正。

(2)单击绘图工具栏Ⅱ中"孔/轴"图标 ⊕,设置立即菜单如图 3-18 所示;用导航找到插入点(如图 3-19 所示);设置起始直径、终止直径如图 3-20 所示,向下移动鼠标,按提示输入轴的长度"45",点击鼠标右键结束操作,即完成 106 mm × 45 mm 矩形的绘制,结果如图 3-21 所示。

图 3-17　屏幕点设置　　　　　　　　　　　　　图 3-18　设置后的孔/轴立即菜单

(3)单击绘图工具栏中的"直线"图标 ╱,将立即菜单设置成两点线、连续、正交。用导航绘出 50 mm × 16 mm 的矩形,再设置当前层为虚线,画出虚线的投影。

(4)在属性工具栏设置当前层为 0 层的前提下,单击绘图工具栏中的"圆"图标 ⊕,提示"圆心点"时,按下【F4】键,用导航指定参考点(与主视图圆孔的轴线对齐),再次提示"圆心

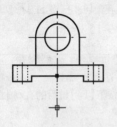

图 3-19　用导航找到插入点

图 3-20　确定起始直径和终止直径

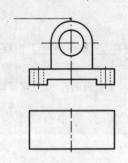

图 3-21　用"孔/轴"
命令画矩形

点"时,键入"@ 0,－22.5",点击鼠标右键,键入孔直径"12",完成 φ12 圆的绘制。

（5）单击绘图工具栏中的"中心线"命令图标 ⬚,左键单击直径为 12 mm 的圆,中心线立即完成,如图 3-22 所示。

（6）单击编辑工具栏中的"镜像"图标 ⬛,以左半部分虚线、小圆作为拾取元素,垂直中心线作为对称轴线,用拷贝的方式完成镜像操作,结果如图 3－23 所示。

3. 绘制左视图

（1）在屏幕点设置为导航的前提下,按下【F7】键（启动三视图导航）,提示"第一点"时,在主、俯视图及主、左视图空隙中间点击左键;提示"第二点"时,在超越俯视图宽度的位置点击左键,则绘出一条三视图导航线（黄色的）。

提示　画第三视图时,必须使用三视图导航完成,以确保三视图的"三等"关系。确保三视图完成后,再按【F7】键,结束三视图导航。

（2）单击绘图工具栏中的"直线"图标 ✎,将立即菜单设置成两点线、连续、正交。用三视图导航绘图,每一点都要注意保持两个方向对齐,即保持三等关系,完成的三视图如图 3-24 所示。

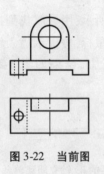

图 3-22　当前图

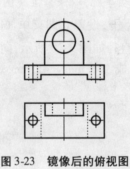

图 3-23　镜像后的俯视图

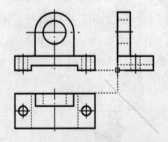

图 3-24　用三视图导航完成左视图

任务二　掌握剖视图的画法

实例九　剖视图的绘制

本实例为将机件（机件的两视图如图 3-25 所示）的主视图改画为半剖视图以及补画左视图，主要知识点如下。

（1）进一步熟悉屏幕点导航和三视图导航命令的使用。

（2）剖面线的绘制方法。

（3）孔/轴等绘图命令的使用。

（4）利用工具点菜单捕捉特征点。

本实例的绘制方法如下。

1. 抄画主视图和俯视图

（1）在属性工具栏默认当前层为 0 层的前提下，单击绘图工具栏Ⅱ中的"孔/轴"图标 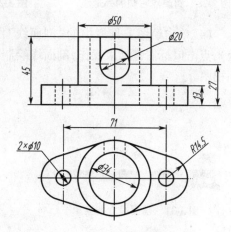，设置如图 3-26 所示的轴立即菜单，绘制 $\phi50 \times 32$（$45 - 13$）、

图 3-25　已知两视图

$\phi100$（$71 + 2 \times 14.5$）$\times 13$ 及 $\phi34 \times 45$ 的矩形（在属性工具栏设置当前层为虚线层的前提下）；再设置如图 3-27 所示的孔立即菜单，绘制中心线（中心线层）；同理，完成 $2 \times \phi10$ 虚线孔的绘制；再用绘图工具栏中的"等距线"命令（中心线层）确定 $\phi20$ 圆的圆心；最后用"圆"、"直线"命令完成主视图（0 层）。

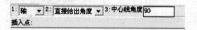

图 3-26　设置后的轴立即菜单　　　　　　**图 3-27　设置后的孔立即菜单**

（2）屏幕点设置为导航，用"圆"、"直线"、"等距线"、"镜像"等命令完成俯视图。

提示　1. 画俯视图（第二视图）时必须启动导航，以保证主、俯视图的长度对正。

2. 绘制切线（斜线）时，必须使用工具点捕捉（捕捉切点），做法同实例一。

2. 将主视图改画成半剖视图

（1）单击编辑工具栏中的"裁剪"图标 ，裁剪多余的外形线（切线），再单击编辑工具栏中的"删除"图标 ，删除点右侧的直线（开槽线），其结果如图 3-28 所示。

（2）用鼠标逐一拾取主视图左侧的全部虚线（被拾取的线呈亮显），然后按【Delete】键，将上述虚线删除，其结果如图 3-29 所示。

（3）拾取主视图右侧的全部虚线，弹出右键立即菜单。单击"属性修改"，在弹出的"属性修改"对话框中选择"层控制"按钮。在"层控制"对话框中选择"0 层"，单击"确定"（两次）。则所选虚线变成粗实线，其结果如图 3-30 所示。

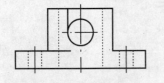
图 3-28 删除点右侧的外形线

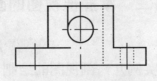
图 3-29 删除左侧虚线

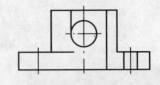
图 3-30 右侧虚线变为粗实线

（4）单击绘图工具栏中的"剖面线"图标 ，立即菜单如图 3-31 所示。拾取环内点（两处），点击鼠标右键结束操作，剖面线绘制完成，结果如图 3-32 所示。至此主视图即改画为半剖视图。

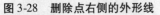

图 3-31 剖面线立即菜单

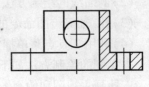
图 3-32 剖面线完成图

提示 1. 拾取点必须为环内点；

2. 所拾取环必须是封闭的；

3. 系统根据拾取点向外搜索最小封闭环，搜索方向为从拾取点向左。

3. 补画左视图

由主、俯视图可知，该形体主要由底板和圆筒叠加而成，底板又与圆筒相切，所以左视图的宽度（最大宽度）取决于圆筒的外径（50 mm）。圆筒的上部分前面开了个 U 形槽，圆筒的上部分后面钻了个圆孔，且圆心与前面的 U 形槽半圆同心。左视图是沿 $\phi34$、$\phi20$ 的孔、槽剖开（全剖）。

（1）在屏幕点设置为导航的前提下，按【F7】键（或点击主菜单中"工具"下拉菜单中的"三视图导航"），启动三视图导航。提示"第一点"时，在主、俯视图及主、左视图的空隙中间点击左键；提示"第二点"时，在超越俯视图宽度的位置点击左键。则三视图导航线（黄色的）绘制完成。

图 3-33 设置后的立即菜单

（2）单击绘图工具栏Ⅱ中的"孔/轴"图标 ，设置立即菜单如图 3-33 所示；在左视图中插入点，如图 3-34 所示（注意导航线）。在起始直径和终止直径栏键入"50"，向下移动鼠标，提示轴的长度：导航与主视图底线同高，结果如图 3-35 所示；在起始直径、终止直径栏键入"34"。向下移动鼠标，提示轴的长度：导航与主视图顶线同高，结果如图 3-36 所示，点击鼠标右键结束操作。

（3）单击绘图工具栏Ⅱ中的"孔/轴"图标 ，如图 3-37 所示，设置孔的立即菜单并插入点。在起始直径、终止直径栏键入"20"，向右移动鼠标，提示轴的长度：导航与左视图 $\phi34$ 孔的竖线相交，如图 3-38 所示，点击鼠标右键结束操作。

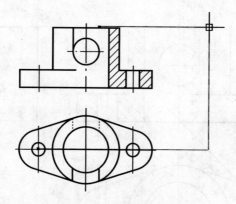

图 3-34　在左视图中插入点

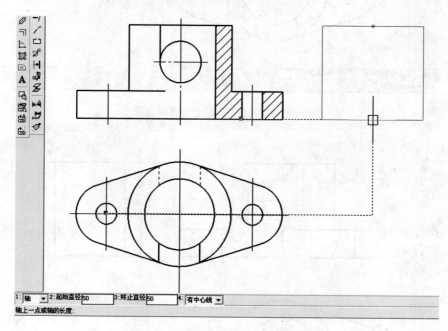

图 3-35　绘制 φ50 孔的立即菜单和图

（4）用近似画法画相贯线。单击绘图工具栏中的"圆弧"命令图标╱，选择"两点－半径"方式画弧，如图 3-39 所示。按提示选择"第一点："，点击图 3-40 所示的位置（注意要出现捕捉符号）；再点取第二点，位置如图 3-41 所示。键入半径"25"（两圆柱垂直相交，取大圆的半径为半径），如图 3-42 所示，然后点击鼠标右键，完成圆弧（相贯线）的绘制。

（5）单击编辑工具栏中的"裁剪"图标✂，裁剪掉多余的线，其结果如图 3-43 所示。同（4）的操作，完成半径为 17 mm（φ34）的圆弧（内相贯线）的绘制，其结果如图 3-44 所示。

（6）单击编辑工具栏中的"镜像"图标⚐，设置立即菜单如图 3-45 所示。拾取左视图左侧的四条线，以垂直中心线作为对称轴线，用拷贝的方式完成镜像操作，结果如图 3-46 所示。

（7）单击绘图工具栏中的"直线"图标╱，将立即菜单设置成两点线、连续、正交，完成两条竖直线的绘制。单击编辑工具栏中的"裁剪"图标✂，裁剪多余的线，完成的图形如图 3-47

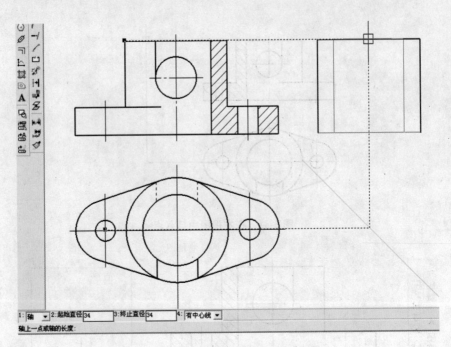

图 3-36　绘制 φ34 孔的立即菜单及图

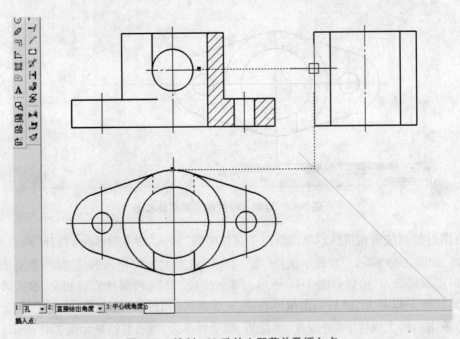

图 3-37　绘制 φ20 孔的立即菜单及插入点

所示。

（8）单击绘图工具栏中的"剖面线"图标 ▓ ，分别拾取环内点（共三处，因有三个封闭环），然后点击鼠标右键结束操作，剖面线绘制完成，则全剖的左视图绘制完成，结果如图 3-48 所示。

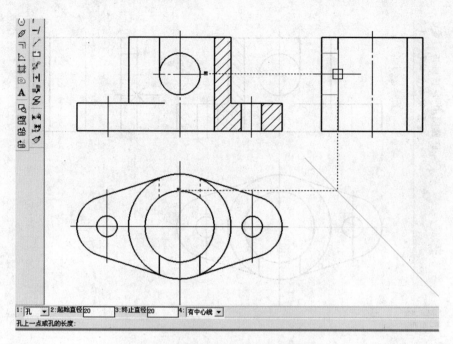

图 3-38 绘制 φ20 孔的立即菜单和图

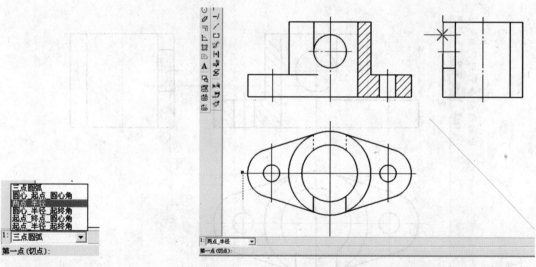

图 3-39 选择两点
–半径方式画弧

图 3-40 点击第一点

提示 1.只要是同一个零件的剖视图(无论是几个),其剖面线间距和方向都应完全一致,以表示是同一个零件。

2.剖视图需标注剖切位置时,如题图3-34中的 A—A,需单击标注工具栏中的"剖切符号"图标 ，设置立即菜单如图3-49所示。然后画剖切位置线,点击鼠标右键,立即菜单变为如图3-50所示。确定拾取方向后,立即菜单如图3-51所示。指定剖视名称标注点后,完成的剖切符号标注如图3-52所示。

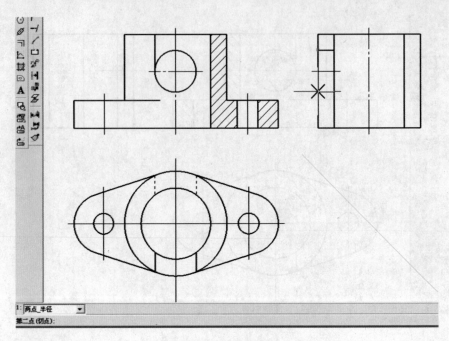

图 3-41　点击第二点

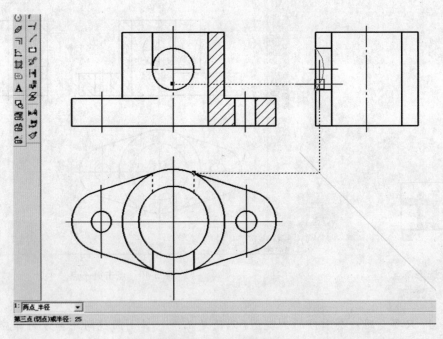

图 3-42　键入大圆半径

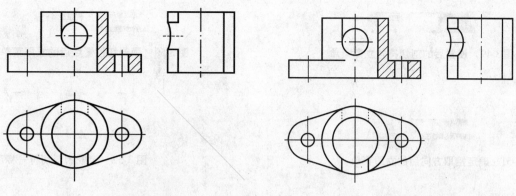

图 3-43 裁去多余的线　　　　　　　　图 3-44 内相贯线的绘制

图 3-45 设置后的镜像立即菜单

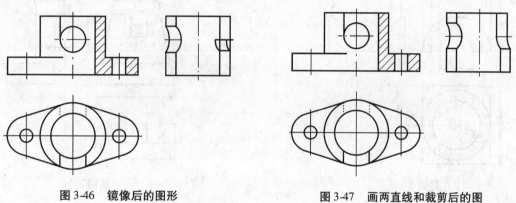

图 3-46 镜像后的图形　　　　　　　　图 3-47 画两直线和裁剪后的图

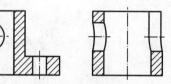

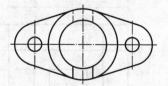

图 3-48 完成的三视图

图 3-49   设置后的剖切符号立即菜单

图 3-50   画剖切位置线后的立即菜单

3-51   确定拾取方向后的立即菜单

图 3-52   完成的剖切符号标注

练习题

1. 按标注尺寸 1:1 抄画两视图,再补画第三视图(红色图为答案)并标注尺寸。

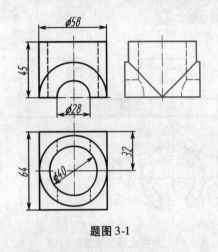

题图 3-1

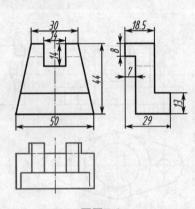

题图 3-2

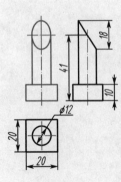

题图 3-3

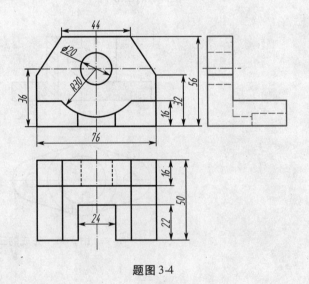

题图 3-4

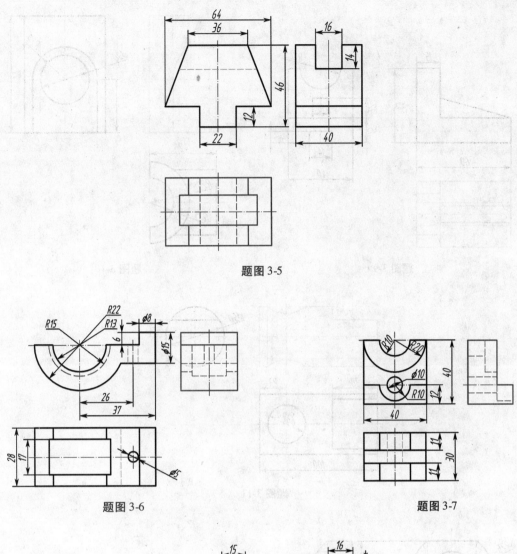

题图 3-5

题图 3-6

题图 3-7

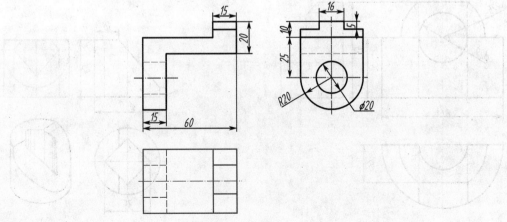

题图 3-8

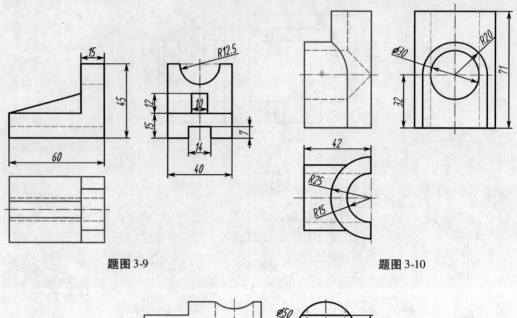

题图 3-9   题图 3-10

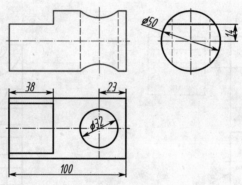

题图 3-11

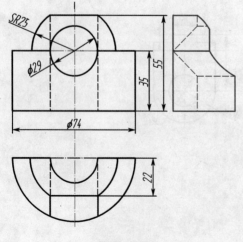

题图 3-12

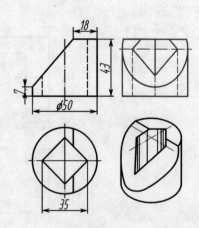

题图 3-13

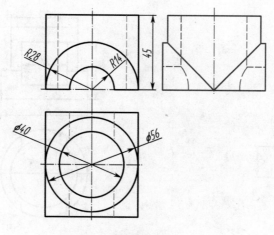

题图 3-14

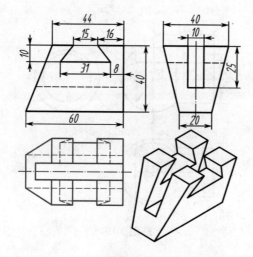

题图 3-15

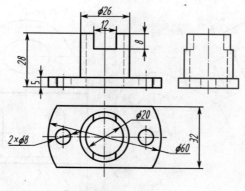

题图 3-16

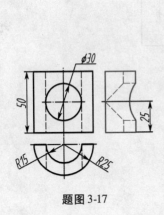

题图 3-17

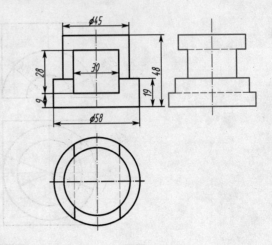

题图 3-18

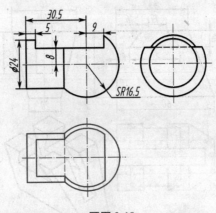

题图 3-19

2. 根据两视图(抄画),补画 A 向斜视图(红色图为答案)并标注尺寸。

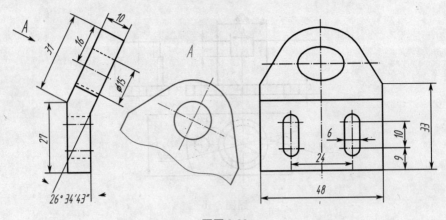

题图 3-20

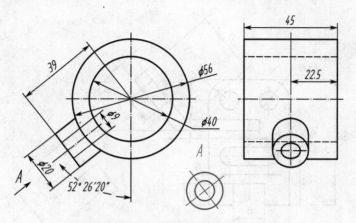

题图 3-21

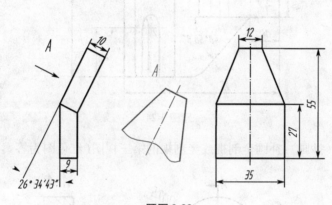

题图 3-22

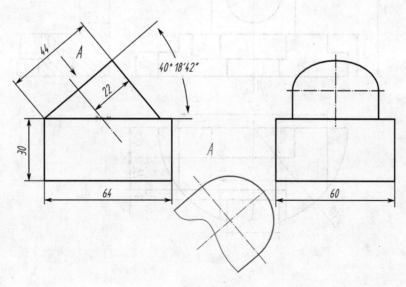

题图 3-23

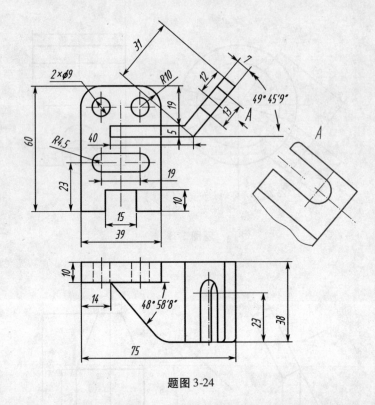

题图 3-24

3. 根据两视图(抄画),补画全剖视或半剖视的第三视图(红色图为答案)并标注尺寸。

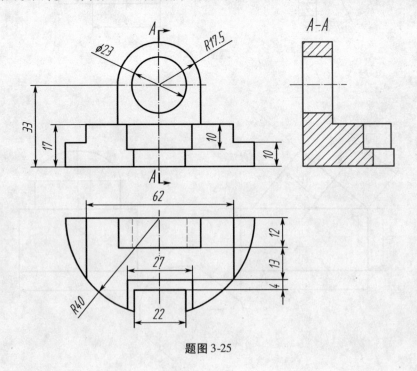

题图 3-25

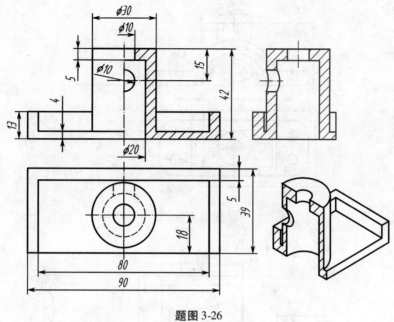

题图 3-26

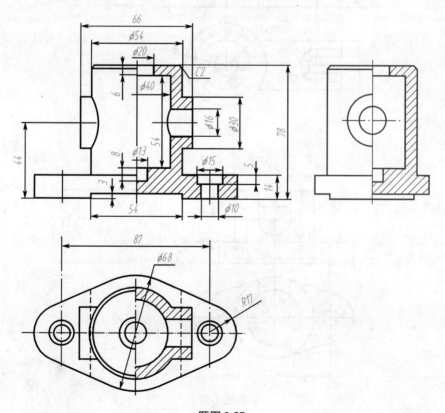

题图 3-27

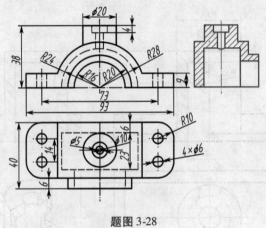

题图 3-28

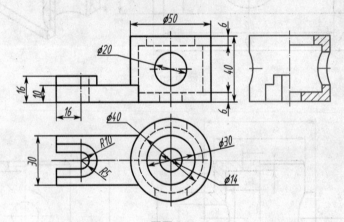

题图 3-29

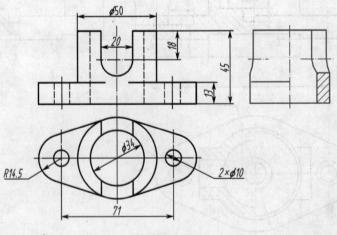

题图 3-30

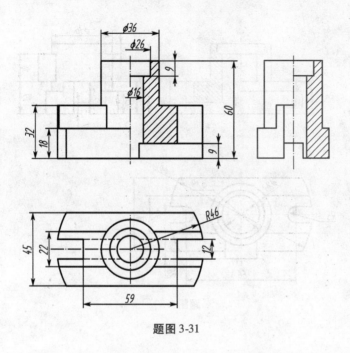

题图 3-31

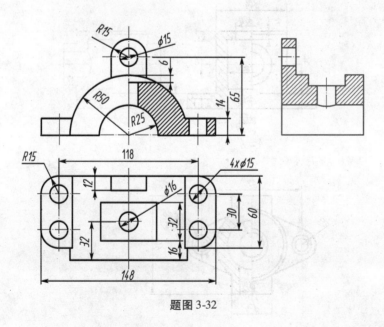

题图 3-32

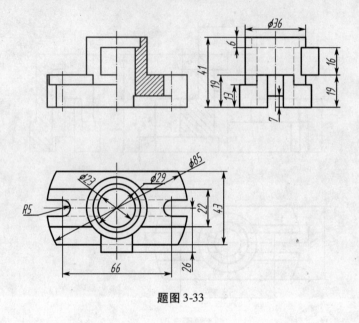

题图 3-33

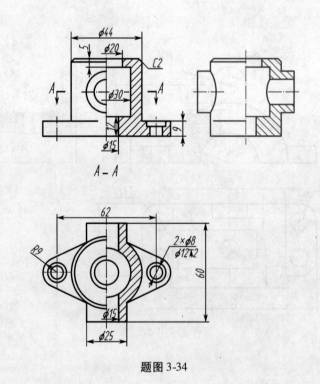

A - A

题图 3-34

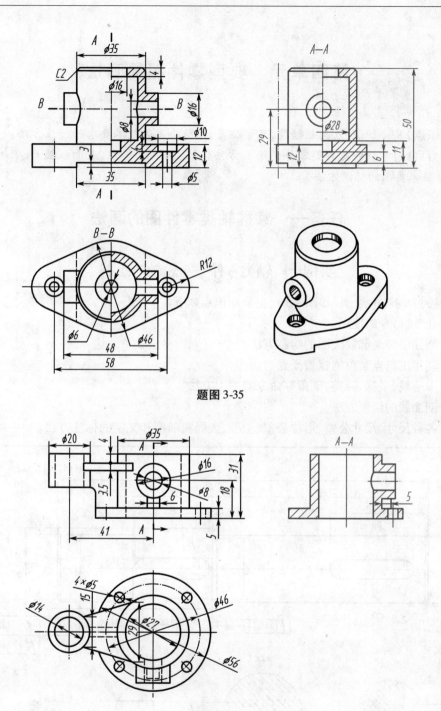

题图 3-35

题图 3-36

第四单元　典型零件图的画法

【知识点】尺寸标注、表面粗糙度、尺寸公差、形位公差等技术要求的标注方法。

【能力目标】掌握四类典型零件的绘制方法（重点为尺寸标注、表面粗糙度、尺寸公差、形位公差等技术要求的标注方法）。

任务一　掌握轴类零件图的画法

实例十　轴类零件——轮轴的绘制

本实例为轮轴的绘制（如图 4-1），主要知识点如下。

(1)孔/轴命令的使用。

(2)剖面图和局部放大图的绘制方法。

(3)利用工具点菜单捕捉特征点。

(4)中心线、平移、裁剪、倒角等命令的使用方法。

(5)剖面线的绘制方法。

(6)各种尺寸、尺寸公差、形位公差、基准、表面粗糙度和文字的标注方法。

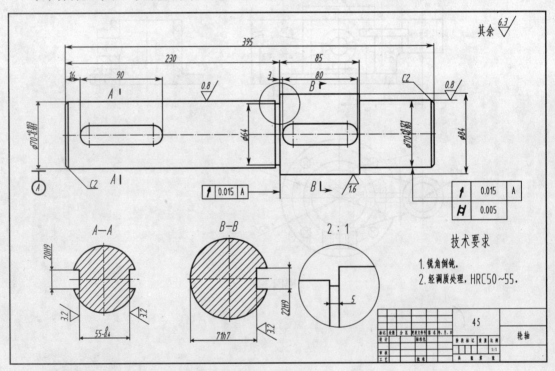

图 4-1　轮轴零件图

(7)标题栏的填写方法。

轮轴的绘图步骤如下。

1.设置图幅

双击"CAXA 电子图板 2005"图标,进入用户界面。点击标准工具栏中的"新建"文件图标，出现"新建"对话框,如图 4-2 所示。分析轮轴的零件图,采用 1:1 绘图,确定用 GBA3 图幅。单击"确认"按钮,完成图纸幅面设置。

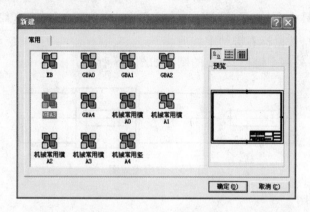

图 4-2 "新建"文件对话框

2.绘制主视图

在属性工具栏默认当前层为 0 层的前提下,单击绘图工具Ⅱ中的"孔/轴"图标 ,屏幕左下角命令行出现"插入点"的提示时,在作图区用鼠标确定轴的起点,立即菜单的设置如图 4-3 所示。

图 4-3 孔/轴立即菜单设置

键入轴的长度"2",点击鼠标右键,则左倒角完成;将起始直径改为"70",键入轴的长度"230 − 2 − 5",单击右键;将起始直径、终止直径改为"64",键入轴的长度"5",点击鼠标右键;将起始直径、终止直径改为"84",键入轴的长度"85",点击鼠标右键;将起始直径、终止直径改为"70",键入轴的长度" 395 − 230 − 85 − 2",点击鼠标右键;最后将终止直径改为"66",键入轴的长度" 2",点击鼠标右键;完成轴图的绘制,结果如图 4-4 所示。

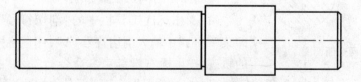

图 4-4 用"孔/轴"命令完成的图形

3.绘制主视图上的两个键槽

(1)单击编辑工具栏中的"平移"图标 。将立即菜单设为"给定偏移量"、"拷贝",当命令行出现"拾取元素"提示时,选择要偏移的元素,点右键结束选择。在出现的提示中,分别输入 X 偏移量"26","96"。

（2）屏幕点设为"智能"。单击绘图工具栏中的"圆"图标 ⊕，以"10"为半径、轴中心线和两偏移直线的交点为圆心画圆。

（3）单击"删除"图标 ✐，删除两条偏移直线。

（4）单击绘图工具栏中的"中心线"图标 ∅，然后选择两个圆，点击右键即可绘出这两个圆的中心线。

（5）单击绘图工具栏中的"直线"图标 ╱，拾取圆中心线与圆的交点，分别画出两条直线。

（6）单击编辑工具栏中的"裁剪"图标 ✄，立即菜单"1:"处为"快速裁剪"状态，拾取要裁剪的曲线（两个半圆），按鼠标右键结束裁剪。

（7）同理，画出另外一个键槽，完成的图形如图 4-5 所示。

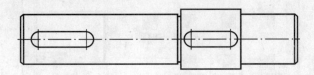

图 4-5　键槽完成图

4.绘制两个断面图

（1）在主视图下方绘制键槽的断面图。先画出直径分别为 70 mm、84 mm 的圆及其中心线。

（2）单击绘图工具栏中的"直线"图标 ╱，在立即菜单 "1:"中选择"平行线"，在"2:"中选择"偏移方式"，在"3:"中选择"双向"。拾取圆的垂直方向中心线，输入距离"27.5"，点击右键结束拾取。再次单击右键，重复平行线操作，拾取圆的水平方向中心线，在命令行输入偏移距离"10"，单击右键结束拾取。

（3）单击编辑工具栏中的"裁剪"图标 ✄，拾取要裁剪的曲线，按鼠标右键结束裁剪。

（4）单击绘图工具栏中的"剖面线"图标 ▨，在立即菜单中选择剖面线方向和间距，绘出剖面线。

图 4-6　两个断面图

（5）重复步骤（3），绘出另外一个键槽的断面，绘图结果如图 4-6 所示。

5.断面图的剖切位置标注

（1）单击标注工具栏中的"剖切符号"图标 ⇄̇ 。在立即菜单"1:"中输入剖切符号"A"，用鼠标左键确定画断面的轨迹，按鼠标右键结束。命令行提示"拾取所需方向"时，向右移动鼠标并点击左键，以确定剖切方向。提示"指定剖面名称标注点"时，出现断面名称文字框，用鼠标左键确定断面名称的标注点位置，按鼠标右键结束标注。

（2）单击编辑工具栏中的"打散"图标 ⚒，拾取剖切符号，再单击"删除"图标，删除箭头，结果如图 4-7 所示。

（3）同理，标出另一剖切符号"B—B"，如图 4-7 所示。

6.绘制局部放大图

单击编辑工具栏中的"局部放大"图标 ⊡。将立即菜单设为"圆形边界"，"放大倍数"设为"2"。按提示确定引出线点,给出圆形边界半径和放大图形的插入点。确定实体插入点后,选择合适的位置,确定标注放大图序号的位置,完成的图形如图 4-7 所示。

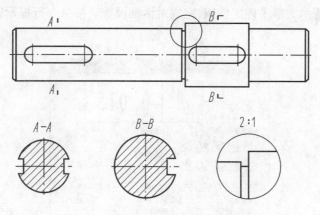

图 4-7　完成的轮轴及局部放大图形

7. 标注尺寸

(1)单击标注工具栏中的"尺寸标注"图标 ↔。在立即菜单 "1:"中选择"连续标注"。先拾取第一引出线(作图区右下方的屏幕点设置为智能),再拾取另一引出线,标注"16"、"90"。同理,继续拾取连续尺寸标注点,标注"3"、"80"。然后按【Esc】键,结束该次连续标注。

(2)单击标注工具栏中的"尺寸标注"图标 ↔。在立即菜单"1:"中选择"基准标注",标注尺寸"230"和"395"。然后按【Esc】键,结束该次基准标注。

(3)单击"尺寸标注"图标 ↔,在立即菜单"1:"中选择"基本标注"。拾取标注元素,确定尺寸线位置。然后,在按【Ctrl】键的同时单击鼠标右键,弹出"尺寸标注公差与配合查询"对话框,按图4-8 所示进行设置。最后单击"确定"按钮,标注结束。

同理标注其余尺寸公差。

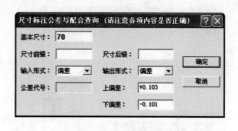

图 4-8　"尺寸标注公差与配合查询"对话框

(4)单击标注工具栏中的"倒角标注"图标 ⅉ⌄,拾取要标注倒角的直线,输入倒角为"C2",确定尺寸线位置,然后按右键结束倒角标注。

8. 标注表面粗糙度、基准代号及形位公差

(1)单击标注工具栏中的"粗糙度"图标 ∜,设置立即菜单的数值为所注数值。然后拾取要标注的直线或圆弧,确定标注的位置。同理,完成其他表面粗糙度的标注。

提示　标注表面粗糙度符号,一要注意从材料外指向零件,二要注意表面粗糙度数值方向同尺寸标注方向一致。

(2)单击标注工具栏中的"基准代号"图标 🔩,在立即菜单中输入基准名称"A"。拾取要

标注的直线或圆弧,确定标注的位置。

(3)单击标注工具栏中的"形位公差"图标 ▣,弹出"形位公差"对话框,选择的符号与输入的数值如图 4-9 所示。单击确定按钮,完成对话框设置。按命令行提示,拾取要标注的元素并确定标注位置。

图 4-9 "形位公差"对话框

(4)单击绘图工具栏中的"文字标注"图标 A,指定一矩形区域写文字"其余",然后点击插入"粗糙度",如图 4-10 所示,出现"粗糙度输入"对话框,如图 4-11 所示。

图 4-10 "文字标注与编辑"对话框

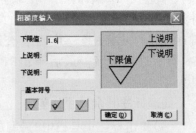

图 4-11 "粗糙度输入"对话框

(5)单击绘图工具栏中的"技术要求库"图标 ▦,弹出"文字标注与编辑"对话框,在零件棱角和热处理要求中找到所需内容(或相近内容),拖曳到左上方的文字区,如图 4-12 所示,修改后单击"生成"按钮,按提示"标注区域第一角点",点击左键,移动鼠标,再确定第二角点,完成标注。

提示 所选标注区域应大于所写内容,否则无法执行此项操作。

9. 填写标题栏

单击图幅操作工具栏中的"填写标题栏"图标 T 或在主菜单中选择"幅面"→"填写标题栏"命令,如图 4-13 所示,在弹出的"填写标题栏"对话框中填写内容,如图 4-14 所示。单击

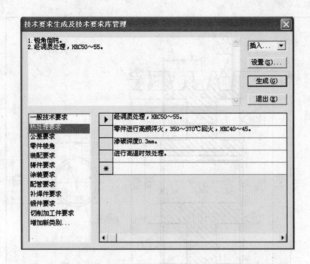

图 4-12　"技术要求生成及技术要求库管理"对话框

"确定"按钮,完成标题栏的填写,如图 4-1 所示。

图 4-13　"填写标题栏"下拉菜单

图 4-14　"填写标题栏"对话框

10.存储文件

存盘前按【Home】键,使图形充满屏幕,然后单击标准工具栏中的"存储文件"图标,或在主菜单中选择"文件"→"另存文件"下拉菜单,弹出"另存文件"对话框,键入文件名。至此,轮轴零件图即绘制完成。

提示　从新建一个"无名文件"后,就应及时赋名存盘。在绘图过程中,要养成经常存盘的习惯,以防发生意外时,造成所绘图形丢失。

任务二　掌握轮盘类零件图的画法

实例十一　轮盘类零件——带轮的绘制

本实例为带轮的绘制(如图 4-15),主要知识点如下。

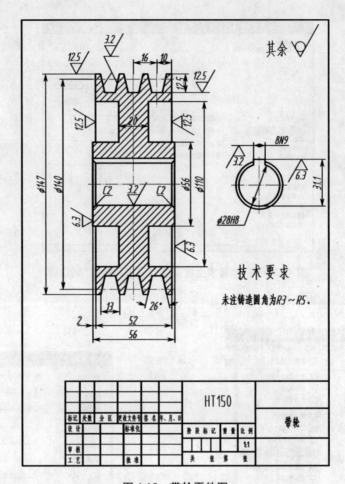

图 4-15 带轮零件图

(1)孔/轴命令的使用。

(2)中心线、角度线、法线、平移(拷贝)、镜像、裁剪、倒角等命令的使用方法。

(3)利用工具点菜单捕捉特征点。

(4)剖面线的绘制方法。

(5)各种尺寸、尺寸公差、表面粗糙度和技术要求文字的标注方法。

(6)标题栏的填写方法。

带轮的绘图步骤如下。

1. 设置图幅

双击"CAXA 电子图板 2005"图标,进入用户界面。点击标准工具栏中的"新建"文件图标
,出现"新建"对话框,如图 4-16 所示。分析带轮的零件图,决定采用 1∶1 绘图,确定用
GBA4 图幅(竖放)。单击"确认"按钮,完成图纸幅面设置。

2. 绘制主视图

(1)在属性工具栏默认当前层为 0 层的前提下,单击绘图工具Ⅱ中的"孔/轴"图标 ,按
提示"插入点:",在作图区用鼠标确定轴的起点。起始直径、终止直径设置为"147",键入轴的
长度"52",点击鼠标右键;将起始直径、终止直径改为"110",从右往左画,键入轴的长度"(52

–20)/2",点击鼠标右键,结果如图 4-17(a)所示。单击绘图工具栏中的"中心线"图标 ,选择两条直线(距离为 52 mm,长为 147 mm 的两条线),点击鼠标右键即可绘出其中心线。单击编辑工具栏中的"镜像"图标 △,以 φ110 的三条直线作为拾取元素,垂直中心线作为对称轴线,用拷贝的方式执行镜像操作,完成的图形如图 4-17(b)所示。

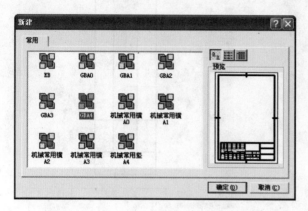

图 4-16　"新建"对话框

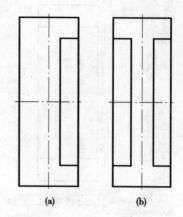

图 4-17　φ147 和 φ110 的完成图

(2)单击绘图工具Ⅱ中的"孔/轴"图标 ,提示"插入点"时,按【F4】键;提示"请指定参考点:"时,点击图 4-18 所示"×"处;提示"插入点"时,键入"@2,0",结果如图 4-19 所示;将起始直径、终止直径改为"56",从右往左画,键入孔的长度"56",点击鼠标右键,结果如图 4-20 所示;将起始直径、终止直径改为"28",从左往右画,键入轴的长度"56",点击鼠标右键,结果如图 4-21 所示。单击编辑工具栏中的"裁剪"图标 ,拾取要裁剪的直线,裁剪后的图形如图 4-22 所示。

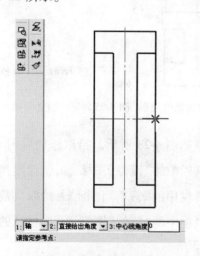

图 4-18　指定参考点

图 4-19　指定参考点后键入相对坐标值

(3)单击编辑工具栏中的"过渡"图标 ,将立即菜单设置成如图 4-23 所示,单击参与倒角的三条线,绘制完成的倒角如图 4-24 所示。

(4)单击绘图工具栏中的"直线"图标 ,将立即菜单设置成如图 4-25 所示,完成 12.5 平行线的绘制。在当前层设置为中心线层的前提下，再完成 10、13/2 平行线的绘制，如图 4-26 所示。将当前层设置为 0 层，将平行线改为角度线，绘制 26°/2 线，立即菜单及完成的图形如图4-27 所示。

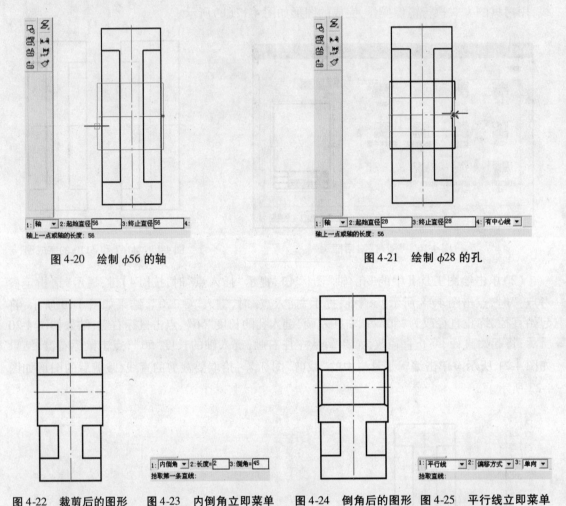

图 4-20   绘制 φ56 的轴   图 4-21   绘制 φ28 的孔

图 4-22   裁剪后的图形   图 4-23   内倒角立即菜单   图 4-24   倒角后的图形   图 4-25   平行线立即菜单

（5）单击编辑工具栏中的"平移"图标✛，设置立即菜单如图 4-28 所示。拾取添加后（拾取 13°线），键入偏移量"16"，如图 4-29 所示。单击编辑工具栏中的"镜像"图标 ⚏，镜像刚拷贝过来的13°线，完成的图形如图 4-30 所示。单击编辑工具栏中的"裁剪"图标 ✂，拾取要裁剪的直线，裁剪后的图形如图 4-31 所示。再次单击编辑工具栏中的"镜像"图标 ⚏，镜像后的图形如图 4-32 所示。最后再镜像一次，完成的图形如图 4-33 所示。

     提示   画图时为准确作图，要经常使用常用工具栏中的"显示窗口"命令，放大局部结构，如图4-29 所示。

3. 绘制键槽局部视图并完成主视图键槽投影

（1）在屏幕点设置为导航的前提下，在主视图右方绘制键槽的局部视图。单击绘图工具

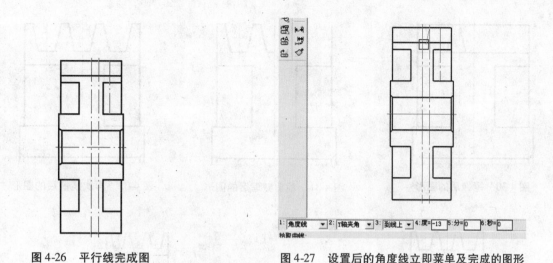

图 4-26 平行线完成图   图 4-27 设置后的角度线立即菜单及完成的图形

图 4-28 设置后的平移/拷贝立即菜单

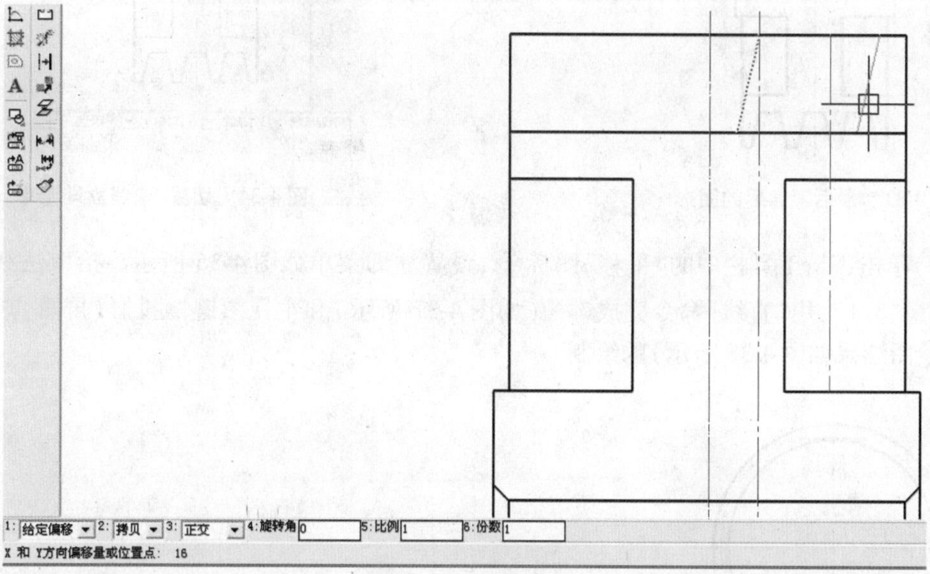

图 4-29 键入偏移量

栏中的"圆"图标 ⊕，完成 $\phi28$、$\phi32$ 圆（倒角圆）的绘制。单击绘图工具栏中的"中心线"命令图标 ⌀，完成中心线的绘制，如图 4-34 所示。

（2）单击绘图工具栏中的"直线"图标 ╱，将立即菜单设置成切线/法线，如图 4-34 所示。提示"拾取曲线："时，拾取圆的竖直中心线；提示"插入点"时，点击 $\phi28$ 圆的最高点，输入长度"8"，点击鼠标右键，完成的法线如图 4-35 所示。

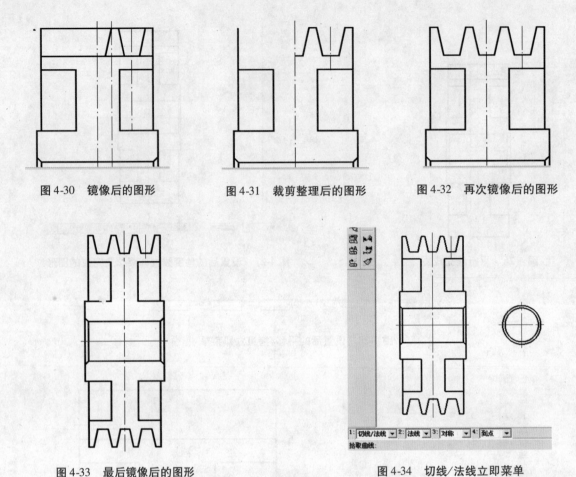

图 4-30　镜像后的图形　　　　图 4-31　裁剪整理后的图形　　　　图 4-32　再次镜像后的图形

图 4-33　最后镜像后的图形　　　　　　　　　图 4-34　切线∕法线立即菜单

（3）单击编辑工具栏中的"平移"图标✛，设置立即菜单如图 4-36 所示。拾取法线后，键入偏移量"3.1"，用"直线"命令完成键槽（如图 4-37 所示）和主视图键槽投影（屏幕点设置为导航，绘图结果如图 4-38 所示）的绘制。

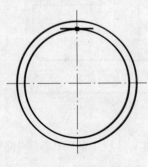

图 4-35　法线的绘制　　　　　　　　图 4-36　键入偏移量的平移∕拷贝立即菜单

（4）单击绘图工具栏中的"剖面线"图标，在立即菜单中选择剖面线方向和间距，绘出剖面线，如图 4-39 所示。

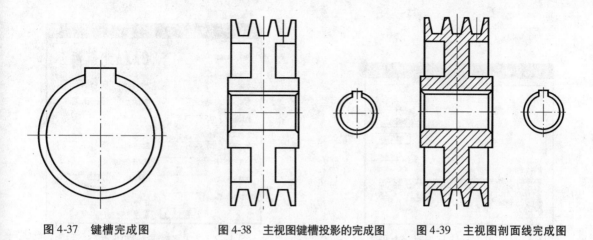

图 4-37　键槽完成图　　　图 4-38　主视图键槽投影的完成图　　　图 4-39　主视图剖面线完成图

4.尺寸标注

(1)单击标注工具栏中的"尺寸标注"图标 $\leftrightarrow$，在立即菜单"1:"中选择"基本标注"。标注 $\phi147$、$\phi56$、$\phi110$、$\phi140$、2、52、56、16、10、12.5、20、26°。标注"8N9"时，只需在尺寸值栏中键入"8N9"即可，如图4-40所示。同理，可标注"$\phi28H8$"的尺寸。

1: 基本标注 ▼	2: 文字平行 ▼	3: 正交 ▼	4: 文字居中 ▼	5: 文字无边框 ▼	6: 尺寸值 8N9
尺寸线位置:					

图 4-40　"8N9"的尺寸标注

(2)单击标注工具栏中的"尺寸标注"图标 $\leftrightarrow$，在立即菜单"1:"中选择"基准标注"。标注 13、31.1。

(3)单击标注工具栏中的"倒角标注"图标，拾取要标注倒角的直线，输入"C2"，确定尺寸线位置，按右键即完成倒角标注。

5.技术要求的标注

(1)表面粗糙度的标注。单击标注工具栏中的"粗糙度"图标，设置立即菜单的数值为所注数值。拾取要标注的直线或圆弧，确定标注的位置，完成所有表面粗糙度的标注。

(2)单击绘图工具栏中的"文字标注"图标 **A**，按提示指定一矩形区域，出现"文字标注与编辑"对话框，如图4-41所示。单击"设置"按钮，出现"文字标注参数设置"对话框，设置后的对话框如图4-42所示。键入文字"其余"，如图4-43所示，点击插入"粗糙度"，出现"粗糙度输入"对话框，如图4-44所示。按"确定"按钮，回到"文字标注与编辑"对话框，如图4-45所示。按"确定"按钮，标注完成，结果如图4-46所示。

(3)单击绘图工具栏中的"文字标注"图标 **A**，按提示指定一矩形区域，完成技术要求文字的注写。

6.填写标题栏

单击图幅操作工具栏中的"填写标题栏"图标或在主菜单中选择"幅面"→"填写标题栏"命令，如图4-47所示。弹出"填写标题栏"对话框，填写内容后如图4-48所示。单击"确定"按钮，完成标题栏填写，如图4-15所示。

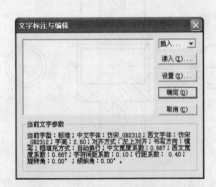

图 4-41　"文字标注与编辑"对话框

图 4-42　"文字标注参数设置"对话框

图 4-43　键入"其余"

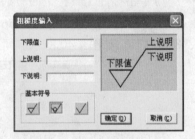

图 4-44　"粗糙度输入"对话框

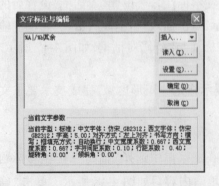

图 4-45　选择粗糙度后的对话框

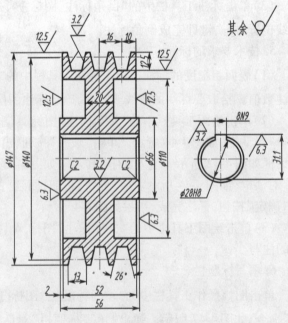

图 4-46　粗糙度标注完成图

图 4-47　"填写标题栏"下拉菜单

图 4-48　"填写标题栏"对话框

7. 存储文件

单击"文件"→"另存文件"下拉菜单,弹出"另存文件"对话框,在文件名栏键入文件名。至此便完成了带轮零件图的绘制。

任务三　掌握叉架类零件图的画法

实例十二　叉架类零件——托脚的绘制

本实例为托脚的绘制(如图 4-49 所示),主要知识点如下。

(1)孔/轴命令的使用。

(2)中心线、角度线、法线、样条线、倒角、圆角、平移(拷贝)、镜像、裁剪、打断等命令的使用方法。

(3)利用工具点菜单捕捉特征点。

(4)剖面线的绘制方法。

(5)各种尺寸、尺寸公差、表面粗糙度及局部视图的标注方法。

(6)标题栏的填写方法。

托脚的绘图步骤如下。

1. 设置图幅

双击"CAXA 电子图板 2005"图标,进入用户界面。点击标准工具栏中的"新建"文件图标 ▯ ,弹出"新建"对话框,确定用 GBA4 图幅,如图 4-50 所示。单击主菜单"幅面"→"图幅设置"下拉菜单,弹出"图幅设置"对话框,分析托脚的零件图,设置绘图比例为 1:2,图纸方向为竖放,如图 4-51 所示。单击"确认"按钮,完成图纸幅面设置。

2. 绘制主视图的主要结构

(1)在属性工具栏默认当前层为 0 层的前提下,单击绘图工具 Ⅱ 中的"孔/轴"图标 ⊕ ,将中心线角度设为 90°。按提示"插入点",在作图区用鼠标确定圆筒的起点。将起始直径、终止直径设置为"55",键入轴的长度"60"(从上往下画),点击鼠标右键;将起始直径、终止直径改

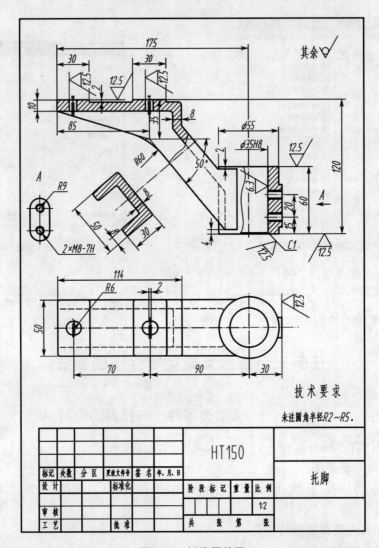

图 4-49　托脚零件图

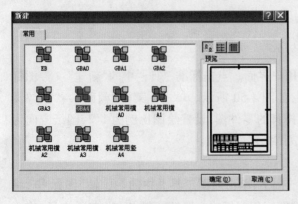

图 4-50　"新建"对话框

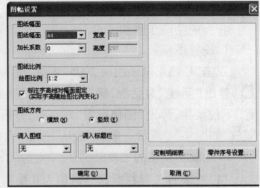

图 4-51　"图幅设置"对话框

为"35"，从下往上画，键入轴的长度"60"。圆筒的主视图绘制完成。

（2）单击绘图工具栏中的"直线"图标✐，用"平行线"命令完成175、30（右侧）、120（90 + 30）、10、2、30（左侧）、114、35、85 平行线的绘制。在当前层设置为中心线层的前提下，完成 90、70、2、15、20 平行线的绘制。再将当前层设置为 0 层，将平行线改为角度线，绘制 50°角度线，并画角度线的平行线 30、8。绘图结果如图 4-52 所示。

提示　绘制平行线时，同时配合拉伸命令，将平行的直线拉伸到适当的位置。

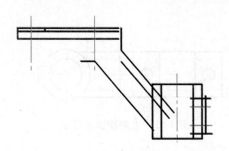

图 4-52　用平行线绘制基准线

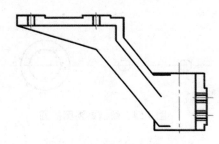

图 4-53　绘制、整理后的当前图

（3）单击绘图工具栏中的"直线"图标✐，完成斜线（与 50°角度线相交）的绘制；使用"平行线"命令，完成壁厚 8、圆筒尺寸 2、4 的绘制；单击绘图工具Ⅱ中的"孔/轴"图标⊕，完成 30 凸台、R6 孔（中心线角度设为 90°）、M8 螺纹孔的绘制；然后裁剪、拉伸、整理图形，结果如图 4-53 所示。其他结构需依据俯视图完成。

3. 绘制俯视图

（1）点捕捉设置成导航方式。在属性工具栏默认当前层为 0 层的前提下，单击绘图工具栏中的"圆"图标⊕，完成 φ55、φ35 圆的绘制。单击绘图工具栏中的"中心线"命令图标✐，完成中心线的绘制。

（2）单击编辑工具栏中的"拉伸"命令图标✐，拾取要拉伸的水平中心线，向左拉到所需长度。单击绘图工具栏中的"圆"图标⊕，依据导航确定圆心位置，完成 R6 半圆的绘制。单击绘图工具栏中的"中心线"命令图标✐，完成中心线的绘制。单击编辑工具栏中的"裁剪"图标✂，拾取要裁剪的直线，再单击绘图工具栏中的"直线"图标✐，用直线连接两半圆，结果如图 4-54 所示，至此完成安装孔的绘制。

（3）单击绘图工具栏中的"直线"图标✐，在立即菜单 "1:"中选择"平行线"，在俯视图水平中心线的两侧作平行线，距离为 50 mm；用"直线"命令（导航方式）完成各段竖直线（包括右端凸台）的绘制及主视图未完成线段的投影；再裁去多余线段，结果如图 4-55 所示。

4. 完成主、俯视图圆角过渡

（1）单击编辑工具栏中的"过渡"图标✐，用"圆角"命令完成俯视图左端半径为 3 mm 的圆角过渡；在"2:"的选项栏中选择"裁剪始边"，如图 4-56 所示，先选择要裁剪的边，后选择不裁剪的边。当作虚线圆角过渡时，应将当前层设置为虚线层，如图 4-57 所示。

（2）重复"圆角"命令，完成斜交于 50°角度线的圆角过渡（半径为 60 mm）；然后把半径改为 1（或 3，根据尺寸大小选择），完成主视图其余的圆角过渡，结果如图 4-57 所示。

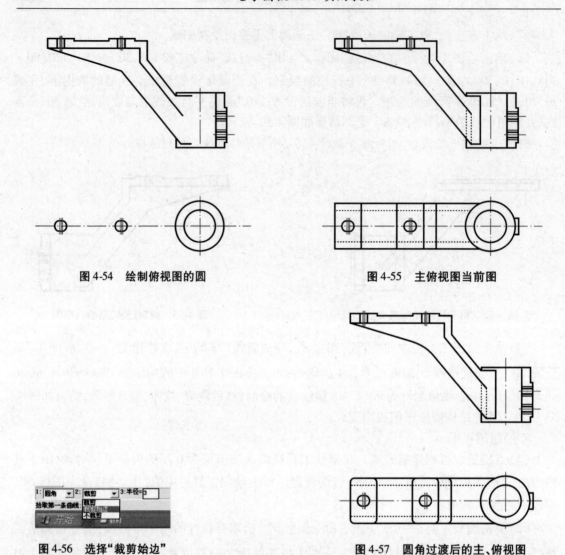

图 4-54　绘制俯视图的圆　　　　　　　图 4-55　主俯视图当前图

图 4-56　选择"裁剪始边"　　　　　　　图 4-57　圆角过渡后的主、俯视图

5. 画主视图样条线和剖面线

（1）单击绘图工具栏中的"样条"图标 ～ ，提示"插入点："时，按【Space】键，弹出"工具点捕捉"菜单，选择"最近点"（或不按【Space】键，直接按快捷键"N"），如图 4-58 所示。用鼠标点击欲画样条线的最近点（即捕捉线上点），同理，捕捉样条线结束点，以保证所画线与图形封闭。样条线完成图如图 4-59 所示。

（2）主视图由样条线变成了两处局部剖视，中断未剖处应为虚线，故单击编辑工具栏中的"打断"图标 ⊏⊐ ，提示"拾取曲线："时，点击需打断的斜线，提示"拾取打断点："时，点击如图 4-60 所示的位置，完成打断操作。在"命令："状态下，左键单击欲修改的线段，再点击右键，弹出右键快捷菜单，如图 4-61 所示，选择"属性修改"，弹出"属性修改"对话框，如图 4-62 所示；单击"层控制"按钮，弹出"层控制"对话框，选择虚线层，如图 4-63 所示。点击"确定"按钮（两次），完成属性修改，结果如图 4-64 所示。

（3）绘制剖面线。单击绘图工具栏中的"剖面线"图标 ▨ ，在立即菜单中选择剖面线方向

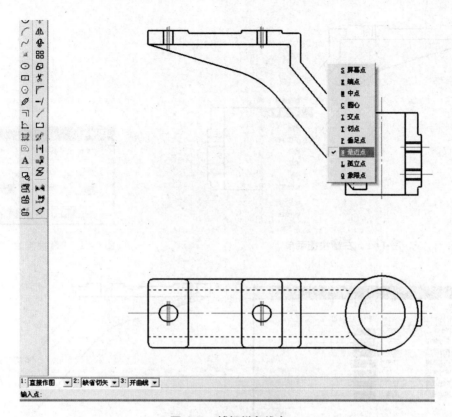

图4-58　捕捉样条线点

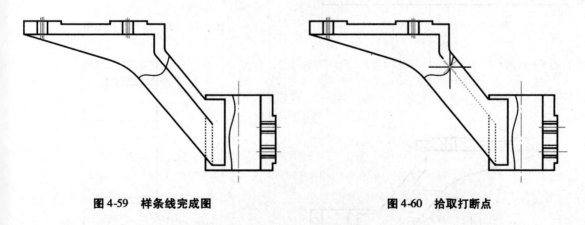

图4-59　样条线完成图　　　　　　　图4-60　拾取打断点

和间距,然后在环内点击,绘出剖面线,结果如图4-65所示。

提示　细小结构要放大,以方便拾取环内点,如图4-66所示内螺纹大、小径部分。

6. 绘制断面图和局部视图

1)画断面图

(1)设置中心线层为当前层,单击绘图工具栏中的"直线"图标✎,在立即菜单"1:"中选

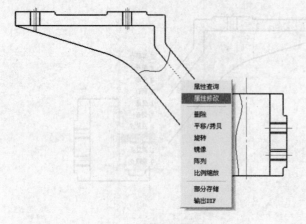

图 4-61　右键快捷菜单

图 4-62　"属性修改"对话框

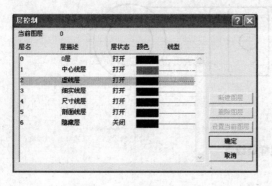

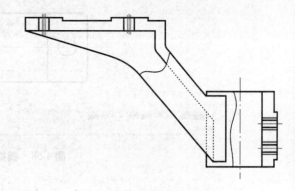

图 4-63　"层控制"对话框

图 4-64　修改属性后的图形

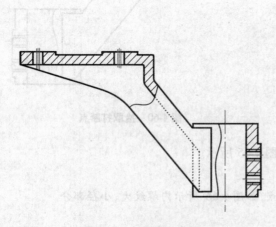

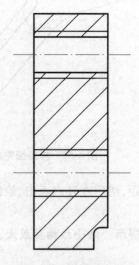

图 4-65　剖面线完成图

图 4-66　局部放大图

择"切线/法线",在"2:"中选择"法线",如图 4-67 所示。按提示拾取 50°斜线,先输入第一点,再输入第二点,完成法线(即断面图对称中心线)的绘制,如图 4-68 所示。

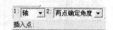

图 4-67　切线/法线立即菜单

（2）单击绘图工具Ⅱ中的"孔/轴"图标⊕，选择"轴"、"两点确定角度"方式，如图 4-69 所示；先拾取法线上一点作为插入点，在弹出的立即菜单中选择"无中心线"，并修改起始直径、终止直径为"50"，然后移动鼠标到插入点下方的法线上，键入"30"，再点击鼠标右键；同理，修改起始直径、终止直径为"34"，沿法线往回移动鼠标，键入"30－8"，再点击鼠标右键，绘图结果如图 4-70 所示。

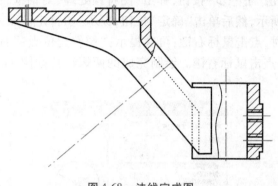

图 4-68　法线完成图

图 4-69　孔/轴立即菜单

（3）用"裁剪"命令裁掉开口处，再单击编辑工具栏中的"过渡"图标，选择"多圆角"方式，拾取首尾相接的直线，完成断面图的各圆角过渡，结果如图 4-71 所示。

（4）单击绘图工具栏中的"剖面线"图标，在立即菜单中选择剖面线方向和间距，在环内点击，绘出剖面线，结果如图 4-71 所示。

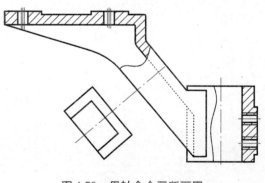

图 4-70　用轴命令画断面图

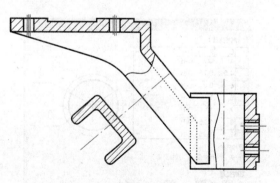

图 4-71　多圆角过渡后的断面图

2）画局部视图

（1）单击绘图工具Ⅱ中的"孔/轴"图标⊕，选择"孔"、"中心线角度"（90°）方式，输入孔的长度"20"，再点击鼠标右键，结果如图 4-72 所示。

（2）单击绘图工具栏中的"圆弧"命令图标，选择"两点－半径"方式，按提示点取直线一端点作为第一点，再点取另一直线端点作为第二点，按提示键入圆弧的半径"9"，点击鼠标右键,完成 *R*9 圆弧的绘制,绘图结果如图 4-73 所示。再单击绘图工具栏中的"中心线"命令图标⌀,完成半圆中心线的绘制。

图 4-72   *R*9 凸台的绘制

图 4-73   *R*9 圆弧的绘制

（3）用提取图符方式完成两个螺纹孔的绘制。单击绘图工具栏中的"提取图符"命令图标🖳,弹出"提取图符"对话框,在"图符大类"中选择"常用图形",如图 4-74 所示;在"图符列表"中选择"粗牙内螺纹",如图 4-75 所示;单击"下一步"按钮,弹出"图符预处理"对话框,在列表中选择 *D* 为 8 mm 的内螺纹,如图 4-76 所示,然后单击"确定"按钮;提示"图符定位点:"时,单击圆心点,提示"图符旋转角度(0):"时,点击鼠标右键;再次提示:"图符定位点:"时,单击圆心点,提示:"图符旋转角度(0):"时,点击鼠标右键。绘制完成的两螺纹孔如图 4-77 所示。

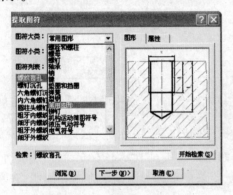

图 4-74   选择"常用图形"

图 4-75   选择"粗牙内螺纹"

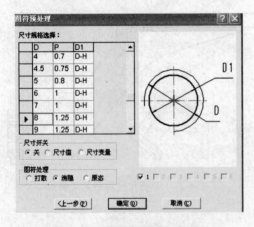

图 4-76   "图符预处理"对话框

图 4-77   M8 螺纹孔的调入

3）局部视图的标注

（1）单击绘图工具Ⅱ中的"箭头"图标↗,其立即菜单如图 4-78 所示。在适当位置点击第一点后,立即菜单如图 4-79 所示,动态拖动箭头到所需要位置即可。

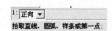

图 4-78 箭头立即菜单　　　　　　　　　　图 4-79 确定一点后的箭头立即菜单

提示　*箭头方向定义如下。*

直线：以坐标系 X、Y 的正方向作为箭头的正方向，X、Y 的负方向作为箭头的反方向。

圆弧：逆时针方向为箭头的正方向，顺时针方向为箭头的反方向。

（2）单击绘图工具栏中的"文字标注"图标 **A**，按提示指定一矩形区域，出现"文字标注与编辑"对话框。键入文字"A"，按"确定"按钮，标注完成，如图 4-80 所示。

7. 标注尺寸

单击标注工具栏中的"尺寸标注"图标 **↦**，在立即菜单 "1："中选择"半标注"，如图 4-81 所示。拾取 ϕ35 的中心线（作为第一条直线），再拾取 ϕ35 右侧的轮廓线（作为第二条直线），确定尺寸线位置，标注结果如图 4-82 所示。其余尺寸均以"基本标注"形式标注。

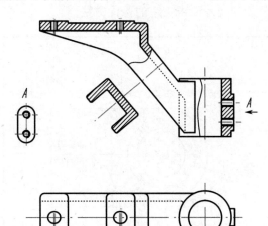

图 4-80 局部视图的标注

图 4-81 选择半标注选项

8. 标注表面粗糙度

（1）单击标注工具栏中的"粗糙度"图标 **∀**，设置立即菜单的数值为所注数值。拾取要标注的直线或圆弧，确定标注的位置，完成所有表面粗糙度的标注。

（2）单击绘图工具栏中的"文字标注"图标 **A**，按提示指定一矩形区域，出现"文字标注与编辑"对话框。键入文字"其余"，点击插入"粗糙度"，出现"粗糙度输入"对话框。选择所要的符号，按"确定"按钮（两次），则标注完成，结果如图 4-49 所示。

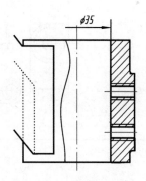

图 4-82 半标注完成图

9. 填写技术要求和标题栏

单击绘图工具栏中的"文字标注"图标 **A**，按提示指定一矩形区域，完成技术要求文字的注写。再单击"图幅操作"→"填写标题栏"图标 **T**，弹出"填写标题栏"对话框，填写内容后，单击"确定"按钮，完成标题栏填写，结果如图 4-49 所示。

10. 存储文件

单击"文件"→"另存文件"下拉菜单,弹出"另存文件"对话框,在文件名栏键入文件名。至此,完成了托脚零件图的绘制。

任务四　掌握箱壳类零件图的画法

实例十三　箱壳类零件——缸体的绘制

本实例为缸体的绘制(如图 4-83 所示),主要知识点如下。

(1)孔/轴命令的使用。

(2)中心线、角度线、样条线、平移(拷贝)、镜像、阵列、裁剪等命令的使用方法。

(3)利用工具点菜单捕捉特征点。

(4)剖面线的绘制方法。

(5)各种尺寸、尺寸公差、表面粗糙度、形位公差和技术要求文字的标注方法。

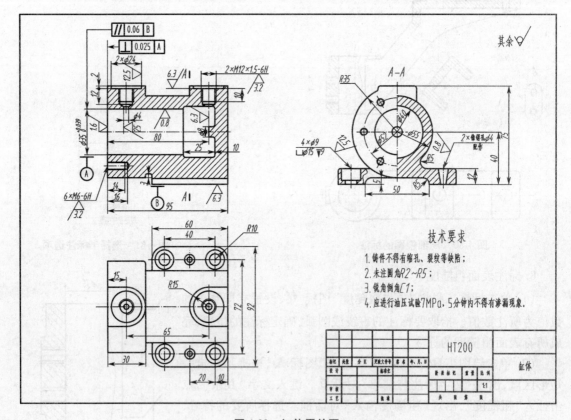

图 4-83　缸体零件图

缸体的绘图步骤如下。

1. 设置图幅

点击标准工具栏中的"新建"文件图标![新建图标],弹出"新建"对话框,确定用 GBA3 图幅。分析缸体的零件图,设置绘图比例为 1∶1,图纸方向为横放。

2.绘制左视图(左视图反映形状特征)

(1)在属性工具栏默认当前层为 0 层的前提下,单击绘图工具栏中的"圆"图标⊕,完成左视图中 φ35、R35、φ55、φ40、φ52(改中心线层为当前层)圆的绘制;单击绘图工具栏中的"中心线"图标✐,然后,选择大圆 R35,单击右键即可绘出圆的中心线;重复圆命令,完成 φ5.1 螺纹小径(0.85D,改细实线层为当前层)、M6 螺纹大径(改回 0 层为当前层),再用裁剪命令裁掉多余的线。绘图结果如图 4-84 所示。

(2)单击编辑工具栏中的"打断"图标凵,提示"拾取曲线:"时,点击需打断的螺纹孔的水平中心线,提示"拾取打断点:"时,点击打断点(φ35 的圆与水平中心线的交点),完成打断操作。单击编辑工具栏中的"阵列"图标🔡,设置立即菜单如图 4-85 所示。左键单击拾取表示螺纹的两圆及中心线(打断后的)后,点击鼠标右键,按提示点击阵列中心点,操作完成的图形如图 4-86 所示。

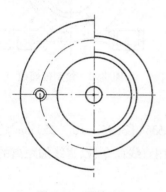

图 4-84　圆的绘制　　　　　　　图 4-85　设置后的阵列立即菜单

(3)单击编辑工具栏中的"镜像"图标▲,镜像刚阵列过来的螺纹及其中心线,完成的图形如图 4-87 所示。

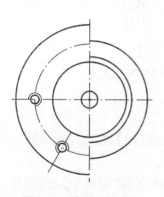
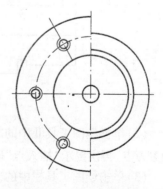

图 4-86　阵列后的图形　　　　　　　图 4-87　镜像后的图形

(4)单击绘图工具Ⅱ中的"孔/轴"图标⊞,选择"轴"、"中心线角度"(90°)方式,提示"插入点:"时,按【F4】键,按提示指定 φ35 圆的圆心作为参考点,再次提示"插入点:"时,键入"@0,−40",将起始直径、终止直径设为"92",键入轴的长度"12",点击鼠标右键;同法,完成长

50 mm,深 5 mm 的槽,顶面 φ30 的凸台以及沉孔、锥孔的绘制,如图 4-88 所示。

（5）单击绘图工具栏中的"样条"图标〜,提示"插入点:"时,直接按快捷键"N",用鼠标点击欲画样条线的最近点(即捕捉线上点),同理,捕捉样条线结束点,以保证所画线与图形封闭,如图 4-89 所示。

（6）单击编辑工具栏中的"过渡"图标，用圆角命令完成半径为分别为 2 mm、5 mm 的圆角过渡,如图 4-89 所示。

（7）单击绘图工具栏中的"剖面线"图标，在立即菜单中选择剖面线方向和间距,在环内点击,绘出剖面线,如图 4-90 所示。

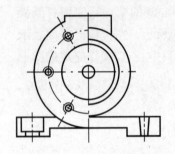
图 4-88　用轴命令绘图

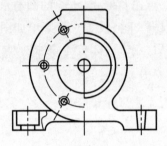
图 4-89　绘制样条线及圆角过渡

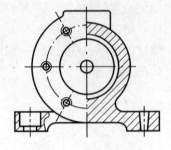
图 4-90　绘制剖面线

3. 绘制主视图

（1）单击绘图工具 II 中的"孔/轴"图标，选择"轴",完成 φ35、长（95 − 10 − 25）mm 的孔,φ40、长 25 mm 及 φ8、长（95 − 80 − 10）mm 的凸台的绘制。再用直线命令,以直线加距离的方式完成主视图外形轮廓的绘制,结果如图 4-91 所示。

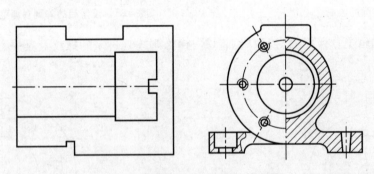
图 4-91　绘制孔、台和主视图外形轮廓

（2）单击绘图工具 II 中的"孔/轴"图标，提示"插入点"时,按【F4】键,以左端最高点作为参考点,再次提示"插入点"时,键入"@15,0",完成沉孔的绘制。

（3）单击绘图工具栏中的"提取图符"命令图标，弹出"提取图符"对话框,在"图符大类"中选择"常用图形",在"图符列表"中选择"螺纹盲孔",如图 4-92 所示;单击"下一步"按钮,弹出"图符预处理"对话框,如图 4-93 所示,在列表中选择 D 为 12,L 为 12,l 为 10,单击"确定"按钮;在提示"图符定位点:"时,单击插入点,提示"图符旋转角度(0):"时,点击鼠标右键;同法,绘制 M6 螺纹盲孔,绘制结果如图 4-94 所示。

（4）再用轴命令完成 φ4 圆柱孔的绘制,裁剪掉多余的线段;单击编辑工具栏中的"平移"

图标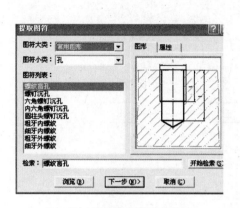,拾取沉孔及螺纹盲孔后,键入偏移量"65",结果如图4-94所示。

图4-92　"提取图符"对话框

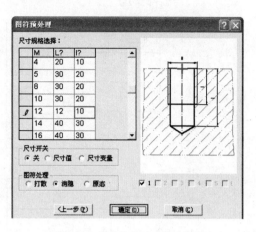

图4-93　"图符预处理"对话框

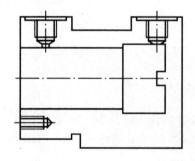

图4-94　完成螺纹盲孔后的图

（5）单击编辑工具栏中的"过渡"图标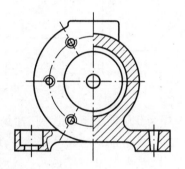,用圆角命令完成半径为2 mm的圆角过渡。单击绘图工具栏中的"剖面线"图标,在立即菜单中选择剖面线方向和间距,在环内点击,绘出剖面线,结果如图4-95所示。

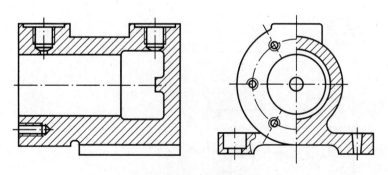

图4-95　圆角过渡后的图

4. 绘制俯视图

（1）单击绘图工具Ⅱ中的"孔/轴"图标,选择"轴",完成 $\phi70$（$R35$）、长30 mm,$\phi55$、长

65 mm 的圆筒及长 92 mm、宽 60 mm 底板的绘制,结果如图 4-96 所示。

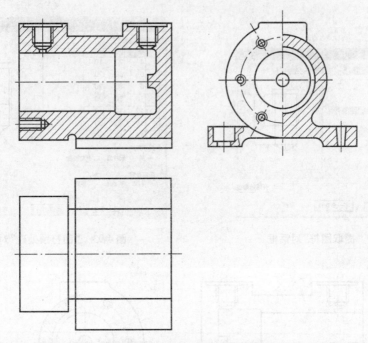

图 4-96　用轴命令绘制俯视图

　　(2)在当前层为 0 层前提下,用"圆"命令完成 $\phi30(R15)$、$\phi24$、$\phi10$、$\phi4$ 的绘制,然后将当前层改为细实线层,绘制 $\phi12$ 的圆。裁剪后,绘制圆的中心线及对称中心线,镜像刚完成的 5 个圆及圆的中心线,结果如图 4-97 所示。

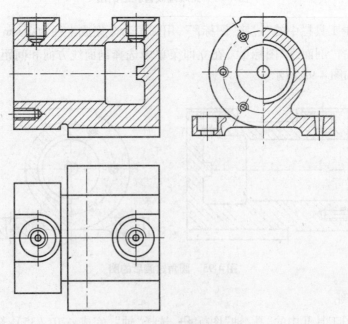

图 4-97　镜像后的图形

（3）删除镜像用的对称中心线，裁掉多余的线，单击编辑工具栏中的"过渡"图标▱，用"多圆角"命令同时完成半径为 10 mm 的 4 个圆角过渡及其余铸造圆角；再绘制 $\phi15$、$\phi9$ 的圆及中心线，结果如图 4-98 所示。

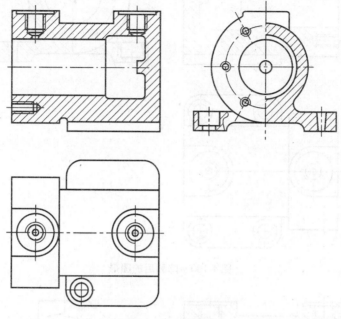

图 4-98　待阵列的图形

（4）单击编辑工具栏中的"阵列"图标 ▦，设置的立即菜单如图 4-99 所示。点击鼠标左键拾取 $\phi15$、$\phi9$ 两圆及中心线后，点击右键完成阵列操作，结果如图 4-100 所示。然后画锥孔 $\phi4$、$\phi6$ 及其中心线，镜像刚画的圆及中心线，结果如图 4-101 所示。

图 4-99　设置后的阵列立即菜单

5.标注尺寸

（1）单击标注工具栏中的"尺寸标注"图标 ↦，标注 $\phi35^{+0.039}_{0}$ 时，按提示"拾取标注元素："、"拾取另一标注元素"，提示"尺寸线位置："时，按下【Ctrl】+鼠标右键，弹出"尺寸标注公差与配合查询"对话框，设置后如图 4-102 所示，然后单击"确定"按钮，完成该尺寸公差的标注。

（2）单击标注工具栏中的"引出说明"图标 ⇤，弹出"引出说明"对话框。在"上说明"框中键入"6 × M6 – 6H"，如图 4-103 所示，按下"确定"按钮。提示"第一点："时，确定第一点，提示"第二点："时，确定第二点，则引出说明标注完成，如图 4-104 所示。同法，标注其他引出说明，在遇到特殊符号无法键入时，可留下空位，如图 4-105 所示，待画深度符号"⌴"和箭头，如图 4-83 所示。其余未注尺寸均以"基本标注"形式完成。

6.标注表面粗糙度、基准代号和形位公差

（1）单击"粗糙度"图标 ∀，设置立即菜单的数值为图 4-83 所示数值。拾取要标注的直线

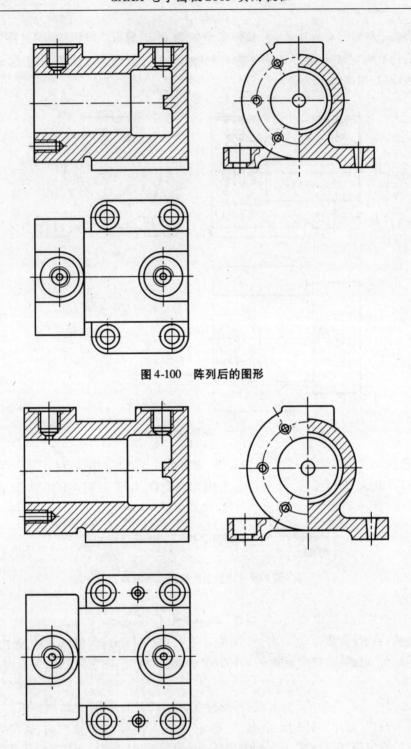

图 4-100   阵列后的图形

图 4-101   镜像后的图形

或圆弧,确定标注的位置。

(2)单击"基准代号"图标 ⚐,在立即菜单中输入基准名称"A"。拾取要标注的直线或圆

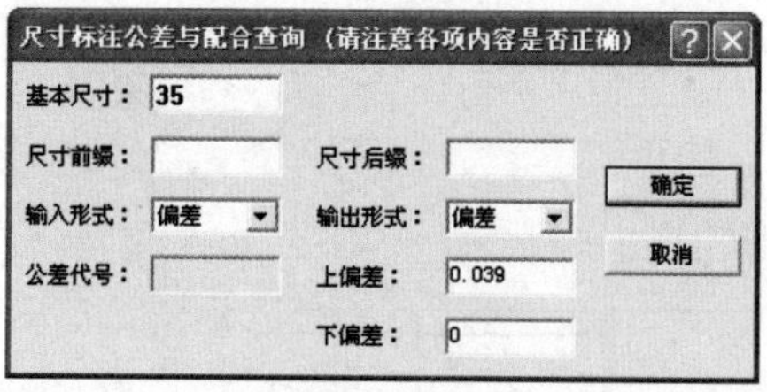

图 4-102　"尺寸标注公差与配合查询"对话框

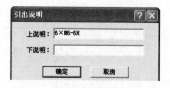

图 4-103　输入"上说明"的"引出说明"对话框

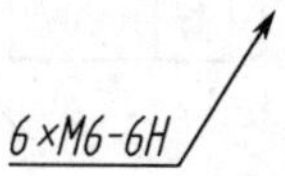

图 4-104　引出说明图

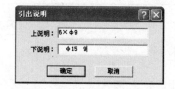

图 4-105　输入"下说明"的"引出说明"对话框

弧,确定标注的位置。

（3）单击标注工具栏中的"形位公差"图标 ，弹出"形位公差"对话框,如图 4-106 所示。单击确定按钮,完成对话框设置。按命令行提示,拾取要标注的元素并确定标注位置,如图 4-83 所示。同法,标注其余基准代号及形位公差。

7.填写技术要求及标题栏

单击绘图工具栏中的"文字标注"图标 **A**,按提示指定一矩形区域,完成技术要求文字的注写。在主菜单中选择"幅面"→"填写标题栏"命令,弹出"填写标题栏"对话框,填写内容后,单击"确定"按钮,完成标题栏的填写,结果如图 4-83 所示。

图 4-106　"形位公差"对话框

8.存储文件

单击"文件"→"另存文件"下拉菜单,弹出"另存文件"对话框。选择盘符及文件夹（如 E:\教材图）,在文件名栏键入文件名（缸体）。至此,完成了缸体零件图的绘制。

练习题

1.按以下各题图中标注的尺寸 1:1 抄画零件图。

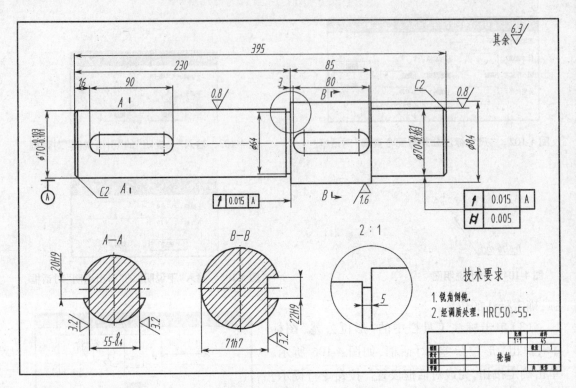

题图 4-1

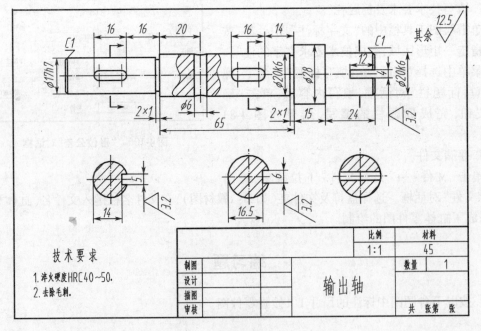

题图 4-2

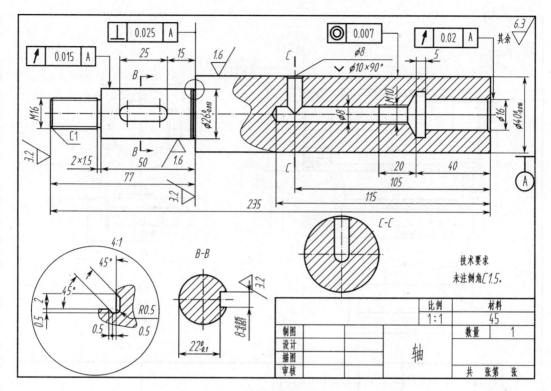

题图 4-3

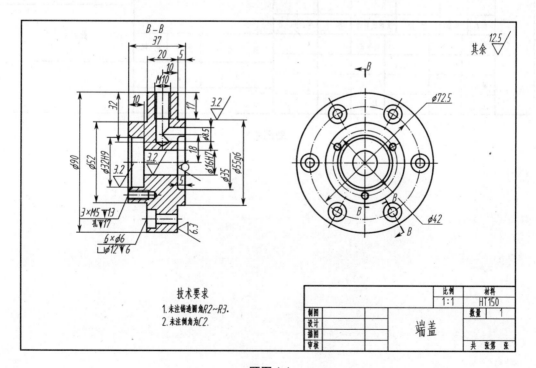

题图 4-4

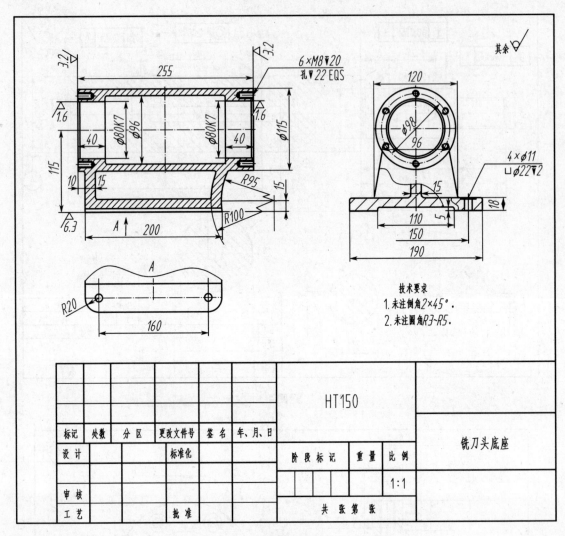

技术要求
1. 未注倒角2×45°.
2. 未注圆角R3~R5.

							HT150			
标记	处数	分区	更改文件号	签名	年、月、日					
设 计			标准化							铣刀头底座
						阶段标记	重量	比例		
审 核									1:1	
工 艺			批准			共　张第　张				

题图 4-5

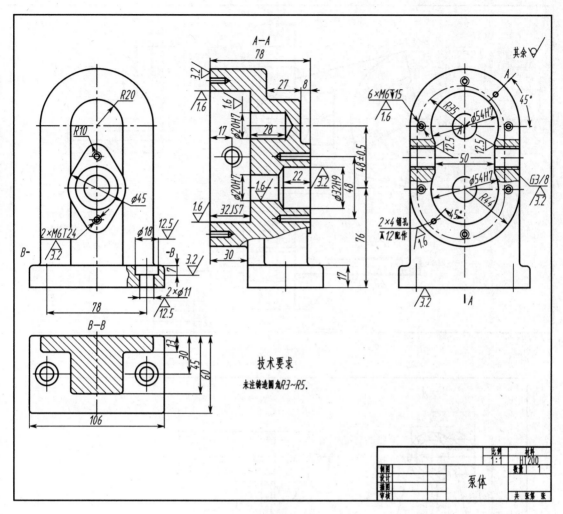

题图4-6

2. 按以下各题图中标注的尺寸1:1抄画零件图(红色图为答案)。

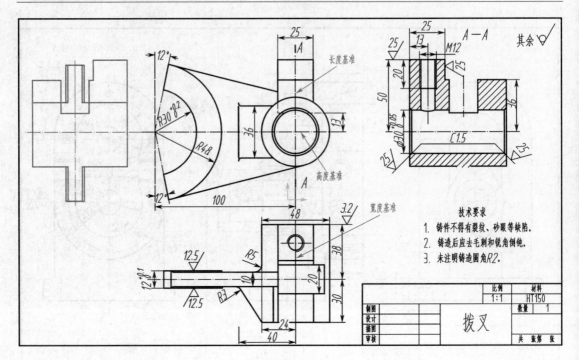

题图 4-7

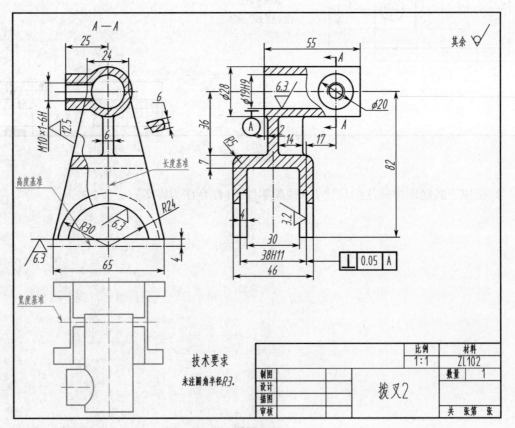

题图 4-8

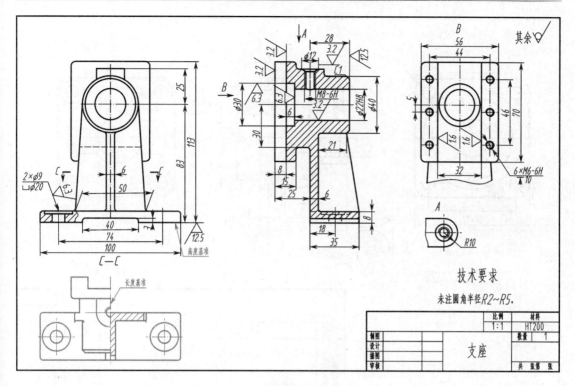

题图 4-9

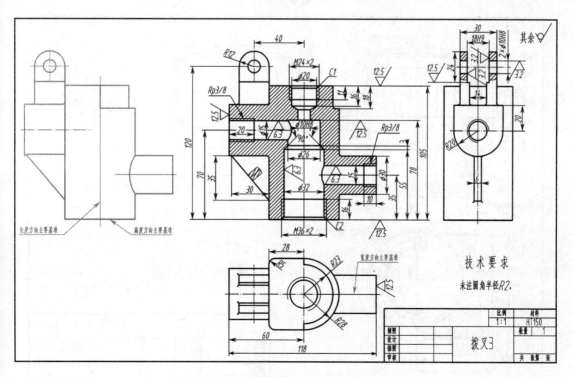

题图 4-10

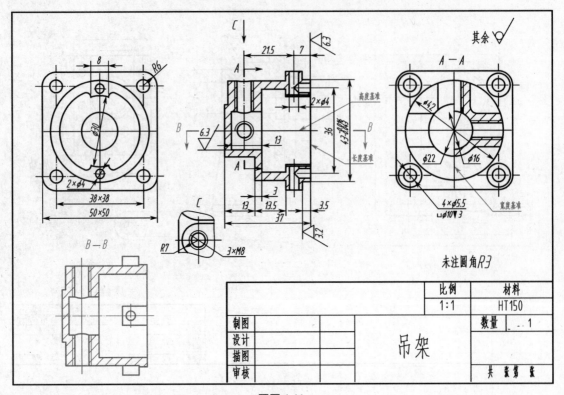

题图 4-11

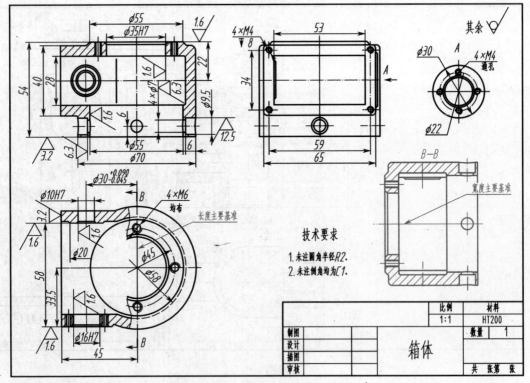

题图 4-12

第五单元　装配图的画法

任务一　掌握螺栓连接装配图的画法

实例十四　螺栓连接装配图的绘制

本实例为螺栓连接装配图的绘制(如图 5-1 所示),主要知识点如下。

(1)图库的调用方法。

(2)图形插入时的定位和插入后消隐处理方法。

(3)图块的打散方法。

(4)样条线、等距线、中心线、裁剪命令和工具点菜单的应用方法。

(5)剖面线的绘制方法。

(6)文件存储。

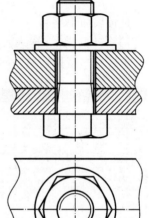

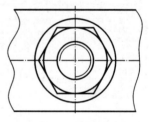

图 5-1　螺栓连接图

绘图任务:用螺栓连接两个宽度为 70 mm、厚度分别为 δ1 = 30 mm、δ2 = 20 mm 的零件。在此连接中所用的螺栓、螺母、垫圈分别为:六角头螺栓 GB/T 5782—2000 M30 × 90;螺母 GB/T 6170—2000 M30;平垫圈 GB/T 97.1—2002 – A 级 30。

螺栓连接装配图的绘图步骤如下。

(1)画两个被连接件主、俯视图的主要轮廓。单击"直线"图标 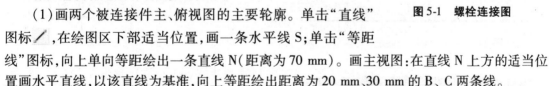,在绘图区下部适当位置,画一条水平线 S;单击"等距线"图标,向上单向等距绘出一条直线 N(距离为 70 mm)。画主视图:在直线 N 上方的适当位置画水平直线,以该直线为基准,向上等距绘出距离为 20 mm、30 mm 的 B、C 两条线。

(2)将屏幕点设置为"导航",在距离为 50 mm 的两平行线间画一条垂直线,然后等距绘出距离为 1.1 倍螺栓大径的两条垂直线。

(3)单击"中心线"图标 ⌀,画出光孔的中心线,如图 5-2 所示。

(4)单击"提取图符"图标 ,弹出"提取图符"对话框。在对话框的"图符大类"中,选取"螺栓和螺柱"项;在"图符小类"中,选取"六角头螺栓"项;在"图符列表"中,选择"GB 5782—2000 六角头螺栓"项,如图 5-3 所示。

(5)单击"下一步"按钮,弹出"图符预处理"对话框,如图 5-4 所示。通过滚动条选取 d 为"30",单击"30"右边"90 ~ 300"中的任意一点,选取 l 为"90"。在"尺寸开关"、"图符处理"及"图符预览区"下面的六个视图控制开关中,选择如图 5-4 所示的项。

(6)单击"确定"按钮,系统重新返回到绘图状态,此时图符已"挂"在了小红十字光标上。系统提示确定"图符定位点",用鼠标点取直线(底线)与中心线的交点为定位点。定位点确定

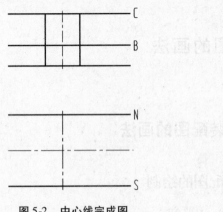

图 5-2　中心线完成图

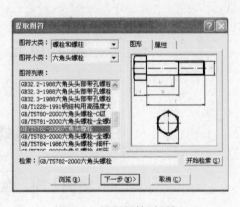

图 5-3　提取螺栓对话框

后,图符转动而不移动。

(7) 系统又提示"输入旋转角度",此时可通过键盘输入图符旋转角度"90",单击鼠标左键确认,然后单击鼠标右键,确认提取完成,结果如图 5-5 所示。

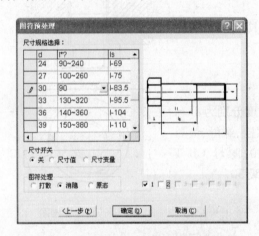

图 5-4　螺栓"图符预处理"对话框

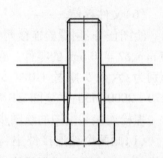

图 5-5　提取螺栓后的图形

(8) 重复步骤(4)～(7),提取所需的垫圈,如图 5-6 所示,提取时设置为打散,如图 5-7 所示。

提示　垫圈图符预览区有三个视图开关,此处只选 1、2 视图开关。

(9) 单击"删除"图标 ✍ ,拾取垫圈俯视图中的小圆、主视图中的小圆及剖面线,单击右键确认。再将主视图中的垫圈重新生成块并消隐,完成的图形如图 5-8 所示。

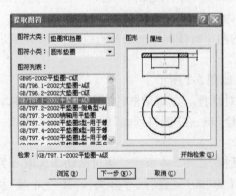

图 5-6　提取垫圈对话框

(10) 重复步骤(4)～(7),提取相应的螺母,并插入到图中相应的位置。螺母图符预览区有三个视图开关,此处只选 1、3 两项。

(11) 提取螺母时,设置为打散,打散螺母的俯视图。

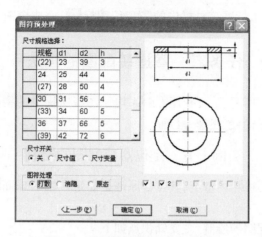

图 5-7　垫圈"图符预处理"对话框

提示　忘记设置块打散时，可单击编辑工具栏中的"打散"图标 ，拾取需打散的实体即可。

（12）单击"删除"图标 ，擦除螺母内孔大径的 3/4 圆弧，然后单击"圆"图标，画出螺栓的大径圆。画图时设置屏幕点为"导航"。

（13）单击"裁剪"图标 ，选择"快速裁剪"，裁剪掉俯视图中小径圆的 1/4，然后选择剩下的 3/4 圆周，单击右键，在弹出的菜单中选择"属性修改"，用"属性修改"将小径圆的 3/4 圆周的线型改为"细实线"，完成的图形如图 5-9 所示。

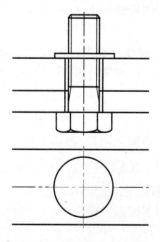

图 5-8　提取垫圈后的图形

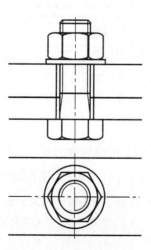

图 5-9　提取螺母后的图形

（14）单击"样条线"图标 ，将主、俯视图两连接件闭合。

（15）单击"剖面线"图标 ，在弹出的立即菜单中选择"拾取点"方式，设置相应的"间距"和"角度"后，用鼠标左键点击需要画剖面线部分的内部点，然后单击右键确认，画出如图 5-1 所示的剖面线。

(16)检查无误后,点击标准工具栏中的"存盘"图标🖫,完成全图,如图 5-1 所示。

任务二　掌握装配图的画法

在用计算机绘制了零件图后,可利用 CAXA 电子图板所提供的拼图(定义图符、提取图符等)功能绘制装配图,作图简便、迅速、准确。

实例十五　定位器装配图的绘制

定位器安装在仪器的机箱内壁上,其工作原理是靠定位轴的球面端插入被固定零件的孔中而定位。

本实例为定位器装配图的绘制,主要知识点如下。

(1)图符的定义与提取调用方法。

(2)图形插入时的定位和插入后的消隐处理方法。

(3)图块的生成、消隐及打散方法。

(4)样条线、等距线、中心线、裁剪命令及工具点菜单的应用方法。

(5)剖面线的绘制方法。

(6)文件存储。

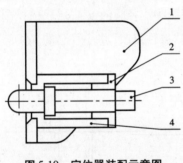

图 5-10　定位器装配示意图

绘图任务:根据装配示意图(图 5-10)和零件图(图 5-11),绘制定位器的装配图。

1. 修改零件图

在拼画装配图前,首先要修改零件图,将装配图所需要的部分保留(或修改成装配图所需的表达方式)。

1)修改序号为 1 的支架

可直接删除左视图、尺寸和技术要求。因尺寸和技术要求均自动填写在尺寸线层,也可用打开/关闭图层的方法,快速删除,方法如下。

(1)单击属性工具栏中"选择当前层"下拉列表框右侧的下拉箭头▼,在弹出的图层列表中,单击"尺寸线层"(当前层不能关闭)。再单击属性工具栏中的"层控制"图标🗊,弹出"层控制"对话框,在图层列表框中,双击"层控制"下方的"打开"按钮,将 0 层、中心线层、虚线层、细实线层、标注层、剖面线层都关闭,如图 5-12 所示。

(2)单击"确定"按钮,则屏幕上不显示尺寸、技术要求,而只剩下图形。

(3)删除左视图及标题栏,结果如图 5-13 所示。

2)修改序号为 2 的盖

删除剖面线、网格线及样条线,结果如图 5-14 所示。

3)修改剖面线间距或方向

按照装配关系,相邻两个零件的剖面线方向或间距应不同。

2. 装配零件

第一种方法。

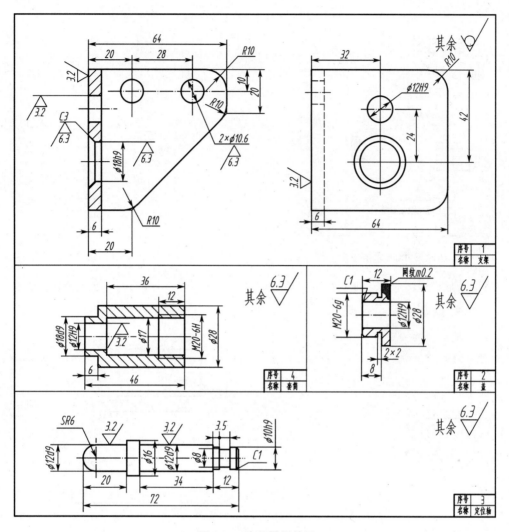

图 5-11 定位器零件图

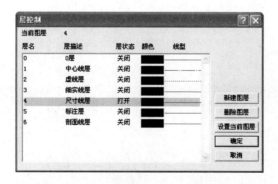

图 5-12 设置后的"层控制"对话框

1）生成块

单击绘图工具栏中的"块生成"图标 ⬚，提示"拾取添加："时，框选支架，再按提示选择

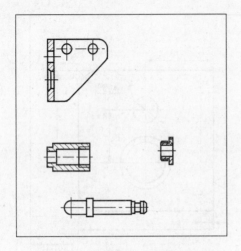

图 5-13   删除尺寸、技术要求后的图

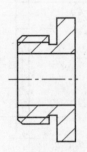

图 5-14   修改后的盖零件图

"基准点:",如图 5-15 所示,则支架块生成。同法,完成其余三件的块生成,基准点如图 5-16 所示。

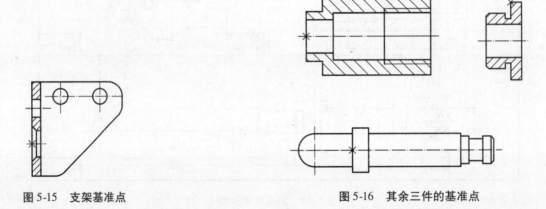

图 5-15   支架基准点   图 5-16   其余三件的基准点

提示   对于基准点即保证精确装配的定位点,务必用工具点捕捉(在智能状态下放大捕捉)。

2)装配

(1)单击编辑工具栏中的"平移"图标✛,设置后的平移立即菜单如图 5-17 所示。拾取套筒后点击鼠标右键,提示"第一点:"时,拾取套筒基点,提示"第二点:"时,拾取支架基点,装配后的图形如图5-18所示。

提示   平移第一点、第二点时,务必用"显示窗口"命令放大显示,以保证精确平移。

(2)单击绘图工具栏中的"块生成"图标 🖫 右下角的黑三角,点击"块消隐"图标🖫(如图 5-19 所示),随即弹出消隐立即菜单,如图 5-20 所示。拾取套筒,消隐后的图形如图 5-21 所示。

(3)重复(1)、(2)步操作,完成其余两件的装配,结果如图 5-22 所示。

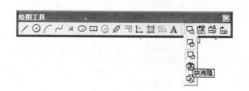

图 5-17　设置后的平移立即菜单

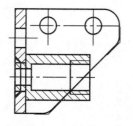

图 5-18　两点平移装配

图 5-19　块"消隐"命令　　　　　　　图 5-20　消隐立即菜单

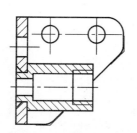

图 5-21　消隐后的图形

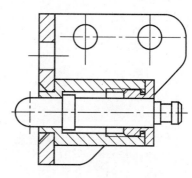

图 5-22　装配后的图形

第二种方法。

1）定义图符

（1）将支架定义成图符。单击绘图工具栏中的"提取图符"图标 右下角的黑三角,点击"定义图符"图标 ,如图 5-23 所示,或单击主菜单中"绘图"的下拉菜单"库操作"中的子菜单"定义图符"命令,如图 5-24 所示;弹出的定义图符立即菜单如图 5-25 所示。按回车键,提示变为"请选择第一视图:",选择支架主视图后,点击鼠标右键,提

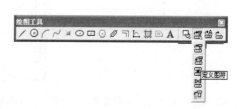

图 5-23　"定义图符"命令

示变为"请指示视图的基点:",选定的基点如图 5-26 所示;弹出"图符入库"对话框,按图 5-27 进行设置,按下"确定"按钮,支架图符定义完毕。

（2）同法,定义另外三个图符,并确定它们的基点,如图 5-28 所示。

2）提取图符

（1）提取支架。单击"提取图符"图标,弹出"提取图符"对话框,在对话框的"图符大类"中选取"常用图形"项;在"图符小类"中选取"定位器"项;在"图符列表"中选取"支架",如图 5-29 所示。再按"下一步"键,弹出图符定位立即菜单,如图 5-30 所示,单击定位点,提示如图 5-31 所示,默认为 0 度,按【Enter】键,提取支架,结果如图 5-32 所示。

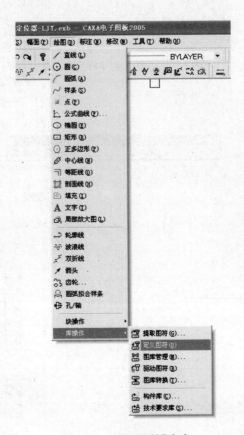

图 5-24　"定义图符"命令

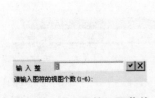

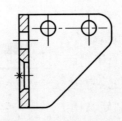

图 5-25　定义图符立即菜单　　图 5-26　确定视图的基点　　图 5-27　设置后的"图符入库"对话框

（2）同法，提取套筒，结果如图 5-33 所示；提取盖，如图 5-34 所示；提取定位轴，如图 5-35 所示。

　　提示　1．在插入图符定位点时，应用"显示窗口"命令放大显示，方能保证精确插入。
　　2．要认真考虑装配图中零件的消隐，须按顺序提取，否则，要重新做消隐。如本实例，需按序号 1、4、2、3 的顺序提取图符进行装配。

　　3．标注序号并生成明细表
　　单击图幅操作栏中的"生成序号"图标 ，或单击主菜单中"幅面"的下拉菜单"生成序

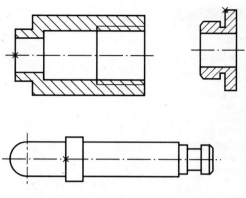

图 5-28　确定另外三个视图的基点

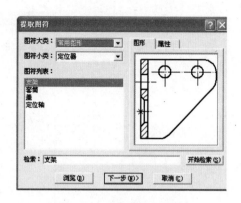

图 5-29　提取支架对话框

图 5-30　图符定位立即菜单

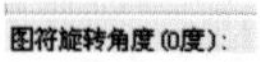

图符旋转角度(0度):

图 5-31　图符定位旋转角度

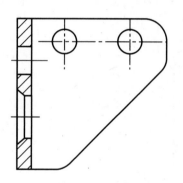

图 5-32　提取支架

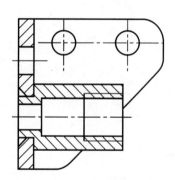

图 5-33　提取套筒

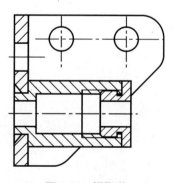

图 5-34　提取盖

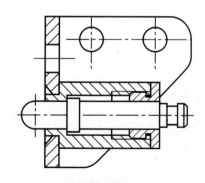

图 5-35　提取定位轴

号"命令,如图 5-36 所示。弹出序号立即菜单,按图 5-37 所示进行设置。从零件中确定引出点和转折点,标出序号 1。同时弹出"填写明细表"对话框,填写后如图 5-38 所示,再按下"确定"按钮,生成序号 1 及明细栏。此时立即菜单如图 5-39 所示。

同法,重复上面的操作,生成序号 2、3、4 及相应的明细栏。

图 5-36　选择"生成序号"命令

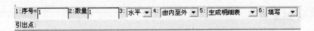

图 5-37　设置后的序号立即菜单

图 5-38　"填写明细表"对话框

图 5-39　序号立即菜单

4. 填写标题栏和存盘

　　单击图幅操作栏中的"填写标题栏"图标 **T**，或单击主菜单中"幅面"的下拉菜单"调入标题栏"命令，如图 5-40 所示，弹出标题栏。再单击主菜单中"幅面"的下拉菜单"填写标题栏"命令，如图 5-41 所示，弹出"填写标题栏"对话框，按图 5-42 所示进行填写，按下"确定"按钮。完成的图形如图 5-43 所示。

图 5-40　选择"调入标题"栏命令　　　　　　　　　图 5-41　选择"填写标题栏"命令

图 5-42　"填写标题栏"对话框

检查无误后,点击标准工具栏中的"存盘"图标■,保存定位器装配图文件。

练习题

1. 按 1:1 比例,选用 A4 竖装图幅,绘制螺栓连接的装配图(三视图)。

已知条件:被连接件上板厚 20 mm,下板厚 30 mm,用 M20 的六角头螺栓连接。零件规格如下:螺栓 GB/T 5782—2000 M20×80;垫圈 GB/T 96.2—2002 20;螺母 GB/T 41—2000 M20。

2. 根据千斤顶的装配示意图(题图 5-1)和零件图(题图 5-2、题图 5-3),绘制其装配图,标注必要的尺寸,编写零件序号,填写明细表及标题栏。

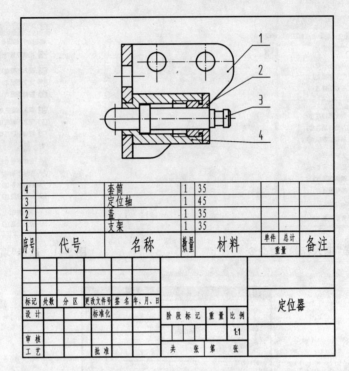

4		套筒	1	35		
3		定位轴	1	45		
2		盖	1	35		
1		支架	1	35		
序号	代号	名称	数量	材料	单件 总计 重量	备注

定位器

图 5-43　完成的定位器图

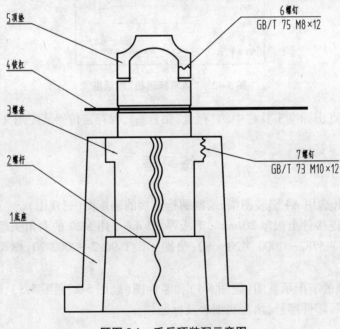

5 顶垫

6 螺钉
GB/T 75 M8×12

4 铰杠

3 螺套

7 螺钉
GB/T 73 M10×12

2 螺杆

1 底座

题图 5-1　千斤顶装配示意图

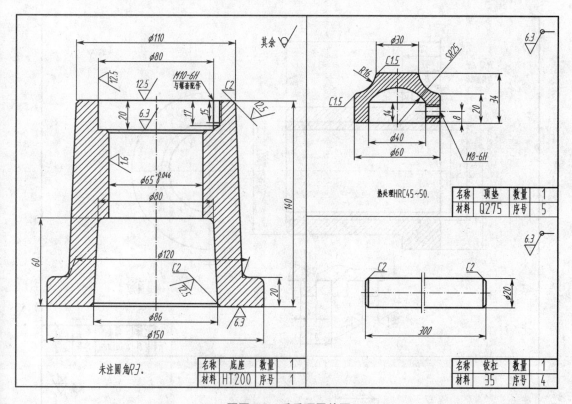

题图 5-2　千斤顶零件图

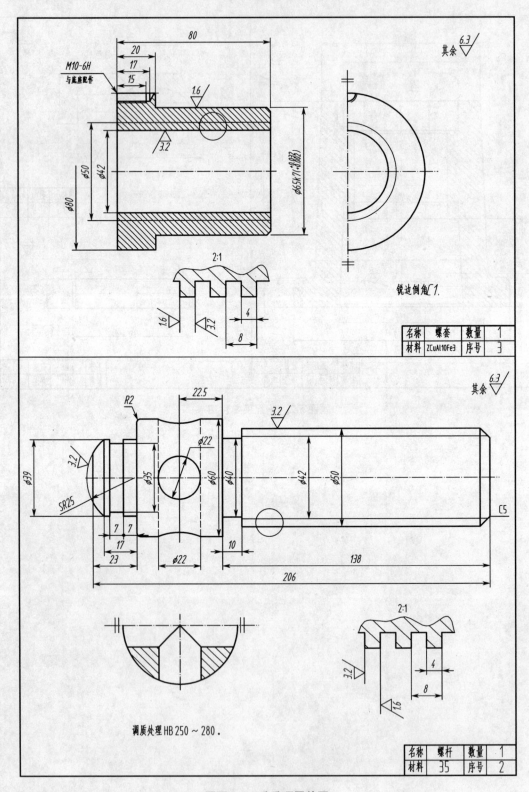

题图 5-3　千斤顶零件图

第六单元　CAXA 电子图板系统设置及辅助功能

【知识点】系统设置、系统查询、界面定制及打印排版等。

【能力目标】掌握系统设置、系统查询、界面定制及打印排版等操作。

任务一　掌握系统设置

1. 系统设置

系统设置是对系统初始化环境和条件进行设置。熟练掌握这些操作,可有效地提高绘图精度和效率,具体操作方法如下。

单击主菜单中的"工具"→"选项"命令,弹出"系统配置"对话框,如图 6-1 所示。对话框中有"参数设置"、"颜色设置"和"文字设置"三个选项卡。

1)"参数设置"选项(如图 6-1 所示)

其中"最大实数"指系统立即菜单所允许输入的最大实数。

"存盘路径"可设置读入或存储文件的缺省路径。

"实体自动分层"可自动把中心线、剖面线、尺寸标注等放在各自对应的层。

"细线显示"指读入的视图用细实线显示。

"显示视图边框"指读入的每个视图都有一个绿色矩形边框。

"打开文件时更新视图"指系统自动根据三维软件的变化,对各个视图进行更新。

2)颜色设置选项(如图 6-2 所示)

3)文字设置选项(如图 6-3 所示)

图 6-1 "参数设置"选项卡

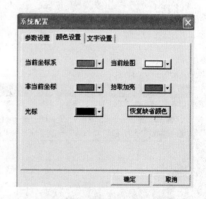

图 6-2 "颜色设置"选项卡

2. 用户坐标系的设置

绘制图形时,合理使用用户坐标系可以使得坐标点的输入更方便,从而提高绘图效率。当用鼠标点取"工具"菜单中的"用户坐标系"菜单时,其右侧弹出四个选项,分别为"设置"、"切换"、"可见"("不可见")和"删除",如图 6-4 所示。

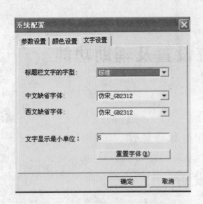

图 6-3　"文字设置"选项卡

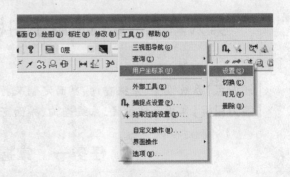

图 6-4　选择"设置"命令

图 6-5　设置后的坐标
系及图形

当选择"设置"时,提示"请指定用户坐标系原点:",确定一点后,提示"请输入旋转角度:",键入角度后(如"30"),点击鼠标右键,坐标系变成如图 6-5 所示。用矩形命令绘制倾斜 30°的图形,结果如图 6-5 所示。由此可见,若画斜视图或倾斜的断面图等,通过设置坐标系会使坐标点的输入更方便。

任务二　掌握设置工具的设置

1.捕捉点设置

单击设置工具栏中的"捕捉点设置"图标$\mathbf{\Pi}_+$,或单击主菜单中的"工具"的下拉菜单中的"捕捉点设置",如图 6-6 所示;弹出"屏幕点设置"对话框,如图 6-7 所示。然后设置鼠标在屏幕上绘图区内的捕捉方式(共有四种)。由"智能点与导航点设置"可了解捕捉点的内容及标识,以便画图时立即辨认出捕捉点的现状(由标识可看出)。

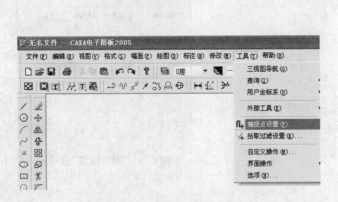

图 6-6　选择"捕捉点设置"命令

图 6-7　"屏幕点设置"对话框

2.拾取过滤设置

单击设置工具栏中的"拾取过滤设置"图标 ，或单击主菜单中"工具"的下拉菜单中的

"拾取过滤设置",如图 6-8 所示;弹出"拾取设置"对话框,如图 6-9 所示。通过"拾取设置"可拾取实体的内容,以便画图编辑时了解所编辑内容的可行性及拾取框的大小。

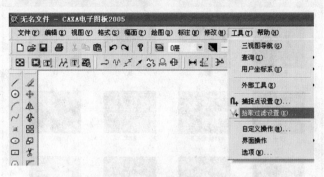

图 6-8　选择"拾取过滤设置"命令

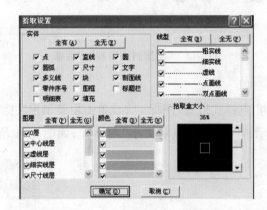

图 6-9　"拾取设置"对话框

3. 剖面图案设置

单击设置工具栏中的"剖面设置"图标 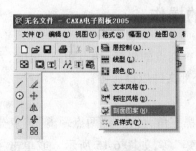,或单击主菜单中"工具"的下拉菜单中的"剖面图案设置",如图 6-10 所示;弹出"剖面图案"对话框,如图 6-11 所示。通过"图案列表"可选择剖面图案。点击"高级浏览"按钮,会弹出如图 6-12 所示的"浏览剖面图案"对话框,可更真切

图 6-10　选择"剖面图案"命令　　　　　　　图 6-11　"剖面图案"对话框

地看清剖面图案。

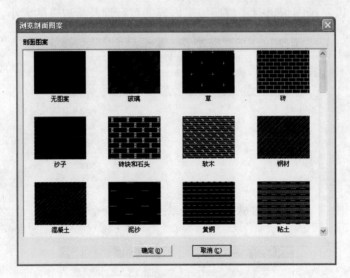

图 6-12 "浏览剖面图案"对话框

4. 点样式设置

单击设置工具栏中的"点样式设置"图标 ，或单击主菜单中"工具"的下拉菜单中的"点样式设置"，如图 6-13 所示；弹出"设置点的大小"对话框，如图 6-14 所示，可从中选择点的类型并设置点的大小。

图 6-13 选择"点样式"命令

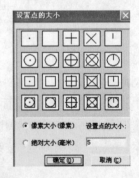

图 6-14 "设置点的大小"对话框

任务三 掌握系统查询的操作

CAXA 电子图板提供了便捷的查询功能，利用该功能可查询点的坐标、两点距离、角度、元素属性、周长、面积、重心、惯性矩等，还可将查询结果存入外部文件以供参考。

可通过下列两种方式进入系统查询状态。

（1）单击常用工具栏中的"两点距离"图标 右下角的黑三角，可选择"两点距离"、"点坐标"、"角度"、"元素属性"、"周长"、"面积"、"重心"、"惯性矩"等，如图 6-15 所示。或单击主菜单中的"工具"→"查询"命令，在弹出的子菜单中也可选择上述查询项目，如图 6-16 所示。

图 6-15　由图标选择查询项目

图 6-16　由菜单选择查询项目

（2）选中所要查询的实体，点击右键，弹出快捷菜单，如图 6-17 所示。单击菜单中的"属性查询"选项，系统立即弹出"查询结果"对话框，框中列出了所选实体某些属性的查询结果，如图 6-18 所示。

图 6-17　快捷菜单

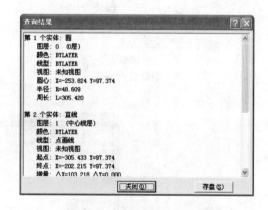

图 6-18　"查询结果"对话框

提示　1. 在查询一个或多个封闭区域的重心时，封闭区域可以由基本曲线、高级曲线，或者基本曲线与高级曲线组合所形成。通过切换立即菜单，可实现以拾取点方式或拾取边界方式查询重心。

2. 在查询一个或多个封闭区域相对于任意回转轴、回转点的惯性矩时，封闭区域可以是由基本曲线、高级曲线，或者基本曲线与高级曲线组合所形成。通过切换立即菜单可实现以拾取点方式或拾取边界方式查询惯性矩。

实例十六　系统查询实例

本实例为系统查询实例（如图 6-19 所示），查询内容如下。

（1）*A* 弧圆心至 *B* 弧圆心的距离。

（2）直线 *C* 与直线 *D* 的夹角。

（3）*B* 弧弧长。

（4）图形外轮廓的周长。

（5）整个平面图形的面积。

查询步骤如下。

（1）单击主菜单中的"工具"→"查询"→"两点距离"命令（或单击常用工具栏中的"两点距离"图标），提示"拾取第一点:"时，在屏幕点设置为智能的前提下，用鼠标拾取 A 弧圆心，屏幕上出现红色点标识 1；提示"拾取第二点:"时，用鼠标拾取 B 弧圆心，屏幕上出现红色点标识 2，如图 6-20 所示。同时屏幕上弹出"查询结果"对话框，如图 6-21 所示。A 弧圆心至 B 弧圆心的距离为 48.817 mm。

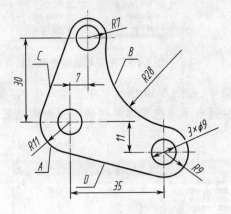

图 6-19　系统查询实例

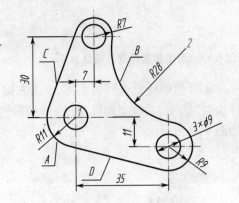

图 6-20　系统查询两点距离过程

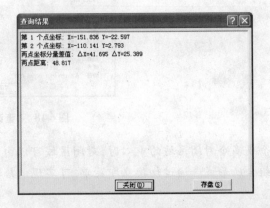

图 6-21　系统查询两点距离结果

（2）单击主菜单中的"工具"→"查询"→"角度"命令，屏幕下方弹出立即菜单，如图 6-22 所示。单击下拉黑三角，出现三个选项菜单，如图 6-23 所示，选取"直线夹角"，立即菜单变成如图 6-24 所示。用鼠标拾取直线 C，直线变红，立即菜单变成如图 6-25 所示；再拾取直线 D，直线变红，同时屏幕上弹出"查询结果"对话框，如图 6-26 所示。直线 C 与直线 D 的夹角为 83.728°。

图 6-22　系统查询角度默认立即菜单

图 6-23　系统查询角度选项菜单

（3）单击主菜单中的"工具"→"查询"→"元素属性"命令，操作提示"拾取添加:"，用鼠标

图 6-24 设置后的系统查询角度立即菜单　　　　图 6-25 拾取直线 *C* 后的系统查询
角度立即菜单

拾取 *B* 弧，弧线变红，操作提示变为"拾取元素："，点击鼠标右键结束操作，弹出"查询结果"
对话框，如图 6-27 所示。*B* 弧弧长为 42.587 mm。

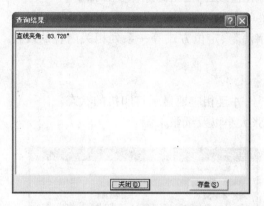

图 6-26 角度查询结果

图 6-27 弧长查询结果

（4）单击主菜单中的"工具"→"查询"→"周长"命令，按提示"拾取要查询的曲线"后，曲
线变红，同时弹出"查询结果"对话框，如图 6-28 所示。图形外轮廓的周长为 179.172 mm。

（5）单击主菜单中的"工具"→"查询"→"面积"命令，在立即菜单中选取"增加面积"，按
操作提示拾取要查询面积的环内点，若拾取成功，该封闭环呈亮红色。点击右键后，弹出"查
询结果"对话框，如图 6-29 所示。整个平面图形的面积为 1 558.261 mm^2。

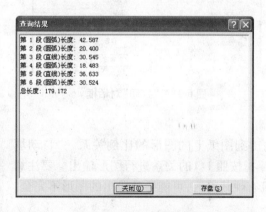

图 6-28 周长查询结果

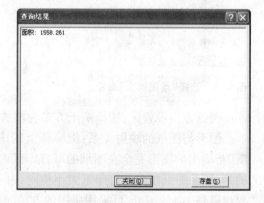

图 6-29 面积查询结果

提示 1. 系统查询面积时，搜索封闭环的规则与绘制剖面线相同，均是从拾取点向左搜索
最小封闭环。

2. 立即菜单中的"增加面积"命令，是指将拾取到的封闭环的面积进行累加；"减少面积"
是指从其他面积中减去该封闭环的面积。

3. 拾取前应关闭影响拾取的元素,如该图中的尺寸线层、中心线层,只开启 0 层,以确保查询的准确性。

任务四　掌握绘图输出的操作

将图形按一定要求由输出设备输出,即为绘图输出。绘图输出的操作步骤如下。

(1)单击"绘图输出"按钮 🖨 ,或单击"文件"菜单中的"绘图输出"选项,如图 6-30 所示。在弹出的"打印"对话框中进行线宽、映射关系、文字消隐、定位方式等一系列相关内容的设置后,即可进行绘图输出,如图 6-31 所示。

主对话框中各选项内容的说明如下。

打印机设置区:在此区可选择需要的打印机型号,并且相应地显示打印机的状态。

纸张设置区:在此区设置当前所选打印机的纸张大小以及纸张来源。

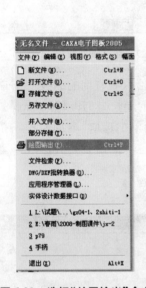

图 6-30　选择"绘图输出"命令

图 6-31　"打印"对话框

图纸方向设置区:选择图纸方向为横放或竖放。

图形与图纸的映射关系:指屏幕上的图形与输出到图纸上的图形的比例关系。"自动填满"指输出的图形完全在图纸的可打印区内。"1:1"指按照 1:1 的关系进行图形输出。要注意的是,如果图纸幅面与打印纸大小相同,由于打印机有硬裁剪区,可能导致输出的图形不完全。要想得到 1:1 的图纸,可采用拼图的方法。

预显:单击此按钮后系统会在屏幕上模拟显示真实的绘图输出效果。

线型设置:单击此按钮后系统会弹出"线型设置"对话框,如图 6-32 所示。系统允许输入标准线型的输出宽度,线宽下拉列表框中列出了国标规定的线宽系列值,用户可选取其中任一组,也可在输入框中输入数值。线宽的有效范围为 0.08 ~ 2.00 mm(图 6-32 中为粗线宽列表)。

提示 当设备为笔式绘图仪时,线宽与笔宽有关。

打印到文件:如果不将文档发送到打印机上打印,而将结果发送到文件中,可选中"打印到文件"复选框。选中该开关后,系统将控制绘图设备的指令输出到一个扩展名为".prn"的文件中,而不是直接送往绘图设备。输出成功后,用户可单独使用此文件,在没有安装 EB 的计算机上输出。

提示 这对于打印图形显得很方便。

图 6-32 "线型设置"对话框

文字消隐:在打印时,设置是否对文字进行消隐处理。

黑白打印:在不支持无灰度的黑白打印的打印机上,可以达到更好的黑白打印效果,不会出现某些图形颜色变浅看不清楚的问题,使得电子图板输出设备的能力得到了进一步加强。

文字作为填充:在打印时,将文字作为图形来处理。

定位点:有两种方式可以选择,原点定位和中心定位。

属性:点击属性按钮,弹出"文档属性"对话框,可设置布局、纸张/质量及工具,分别如图6-33 ~ 图 6-35 所示。

图 6-33 "布局"选项卡

图 6-34 "纸张/质量"选项卡

练习题

查询题图 6-1 中的以下内容(红色数字为答案):

(1)A 弧圆心至 C 弧圆心的距离(74.808 mm);

(2)B 弧弧长(65.852 mm);

图 6-35　"工具"选项卡

(3)图形外轮廓的周长(261.608 mm);

(4)整个平面图形的面积(3 159.411 mm²)。

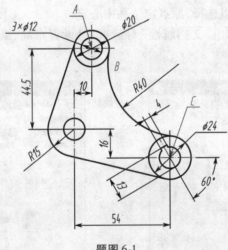

题图 6-1

附　录

（一）国家职业技能鉴定统一考试　2008 年中级制图员《计算机绘图》测试试卷（机械类）

1. 考试要求（10 分）。

（1）设置 A3 幅面，用粗实线画出边框（400 mm×277 mm），按尺寸在右下角绘制标题栏，在对应框内填写姓名和考号，字高 5 mm。

（2）尺寸标注按图中格式。尺寸参数：字高为 2.5 mm，箭头长度为 3 mm，尺寸界线延伸长度为 2 mm，其余参数使用系统缺省配置。

（3）分层绘图。图层、颜色、线型要求如下：

层名	颜色	线型	线宽（mm）	用途
0	黑/白	实线	0.5	粗实线
1	红	实线	0.25	细实线
2	洋红	虚线	0.25	细虚线
3	紫	点画线	0.25	中心线
4	蓝	实线	0.25	尺寸标注
5	蓝	实线	0.25	文字
6	绿	双点画线	0.25	双点画线

> **提示：**
> 线宽 0.5 mm 的粗实线可在属性工具栏中的"线型设置"中设置，如下图所示（细实线默认即为 0.25 mm，而粗实线默认为 0.7 mm）。
>
>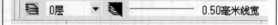

其余参数使用系统缺省配置。另外需要建立的图层，考生自行设置。

（4）将所有图层储存在一个文件中，均匀布置在边框线内。存储前使图框充满屏幕，文件名采用准考证号。

2. 按标注尺寸 1∶2 抄画零件图，并标全尺寸、技术要求和粗糙度（40 分）。

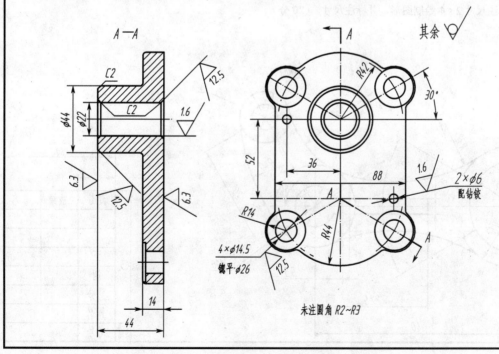

3. 按标注尺寸 1：1 抄画主、俯视图，补画左视图（不标尺寸）。（30 分）

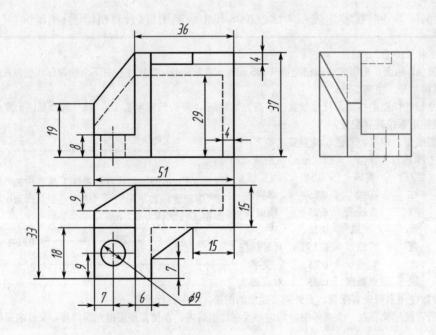

4. 按标注尺寸 2：1 绘制图形，并标注尺寸。（20 分）

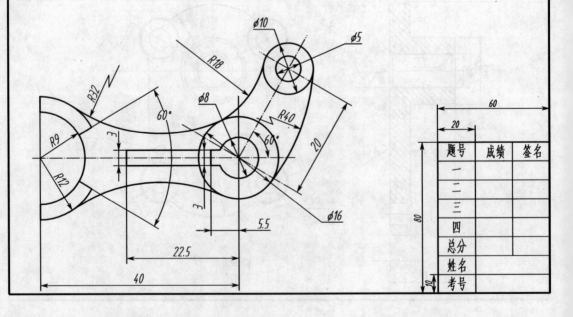

题号	成绩	签名
一		
二		
三		
四		
总分		
姓名		
考号		

（二）国家职业技能鉴定统一考试　2008 年中级制图员《计算机绘图》测试试卷（土建类）

1. 考试要求（10 分）。

（1）设置 A3 幅面，用粗实线画出边框（400 mm×277 mm），按尺寸在右下角绘制标题栏，在对应框内填写姓名和考号，字高 7 mm。

（2）尺寸标注按图中格式。尺寸参数：字高为 3.5 mm，箭头长度为 3.5 mm，尺寸界线延伸长度为 2 mm，其余参数使用系统缺省配置。

（3）分层绘图。图层、颜色、线型要求如下：

层名	颜色	线型	线宽（mm）	用途
0	黑/白	实线	0.5	粗实线
1	红	实线	0.25	细实线
2	洋红	虚线	0.25	细虚线
3	紫	点画线	0.25	中心线
4	蓝	实线	0.25	尺寸标注
5	蓝	实线	0.25	文字

其余参数使用系统缺省配置。另外需要建立的图层，考生自行设置。

（4）将所有图层储存在一个文件中，均匀布置在边框线内。存储前使图框充满屏幕，文件名采用准考证号。

2. 按标注尺寸 2∶1 绘制图形，并标注尺寸（20 分）。

提示（斜线箭头的设置）：
点击主菜单"格式"中的"标注风格"下拉菜单，在弹出的"标注风格"对话框中选择"新建"按钮，则在弹出的"新建风格"对话框中出现"复件标准"，新建风格名，点击"下一步"按钮，在弹出的"新建风格复件标准"对话框中，设置左、右箭头为斜线，按"确定"、"关闭"按钮。

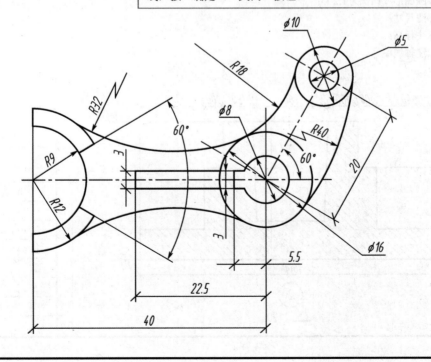

3. 按标注尺寸 1：1 抄画正立面图、平面图，补画左侧立面图（不标尺寸）（30 分）。

4. 参考轴测图和给出的尺寸，用 1：10 的比例画出 V、H、W 三面投影图（仅按比例和尺寸画图，不注尺寸）（20 分）。

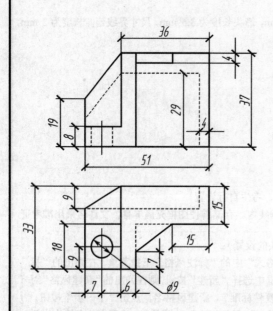

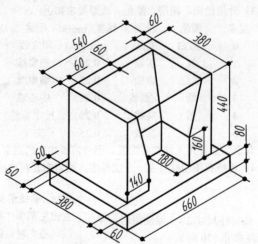

5. 抄画基础断面图（20 分）：

（1）　抄画图形（比例为 1:20）；

（2）　标注尺寸；

（3）　标注标高；

（4）　标注轴线编号。

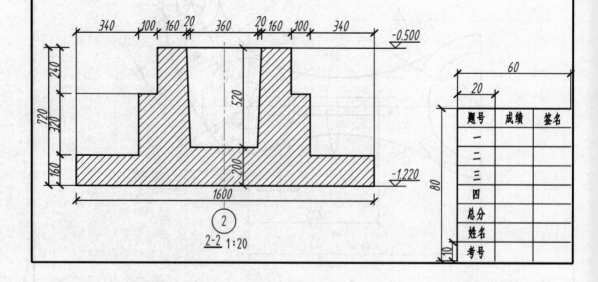

题号	成绩	签名
一		
二		
三		
四		
总分		
姓名		
考号		

1. 考试要求（10分）。

（1）设置 A3 幅面，用粗实线画出边框（400 mm×277 mm），按尺寸在右下角绘制标题栏，在对应框内填写姓名和考号，字高 5 mm。

（2）尺寸标注按图中格式。尺寸参数：字高为 3.5 mm，箭头长度为 3.5 mm，尺寸界线延伸长度为 2 mm，其余参数使用系统缺省配置。

（3）分层绘图。图层、颜色、线型要求如下：

层名	颜色	线型	线宽（mm）	用途
0	黑/白	实线	0.5	粗实线
1	红	实线	0.25	细实线
2	洋红	虚线	0.25	细虚线
3	紫	点画线	0.25	中心线
4	蓝	实线	0.25	尺寸标注
5	蓝	实线	0.25	文字
6	绿	双点画线	0.25	双点画线

其余参数使用系统缺省配置。另外需要建立的图层，考生自行设置。

（4）将所有图层储存在一个文件中，均匀布置在边框线内。存储前使图框充满屏幕，文件名采用考号。

2. 按标注尺寸 1∶2 绘制图形，并标注尺寸（25分）。

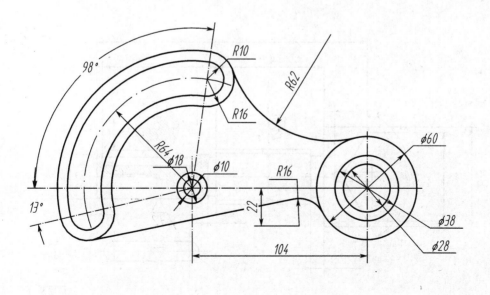

4. 根据零件图 1∶1 绘制微型千斤顶装配图的两视图，并标注序号和尺寸（35 分）。

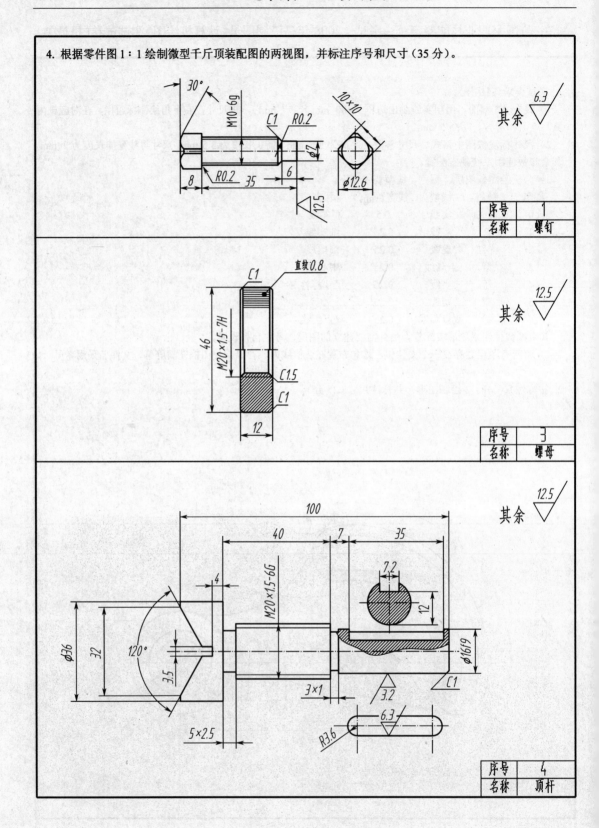

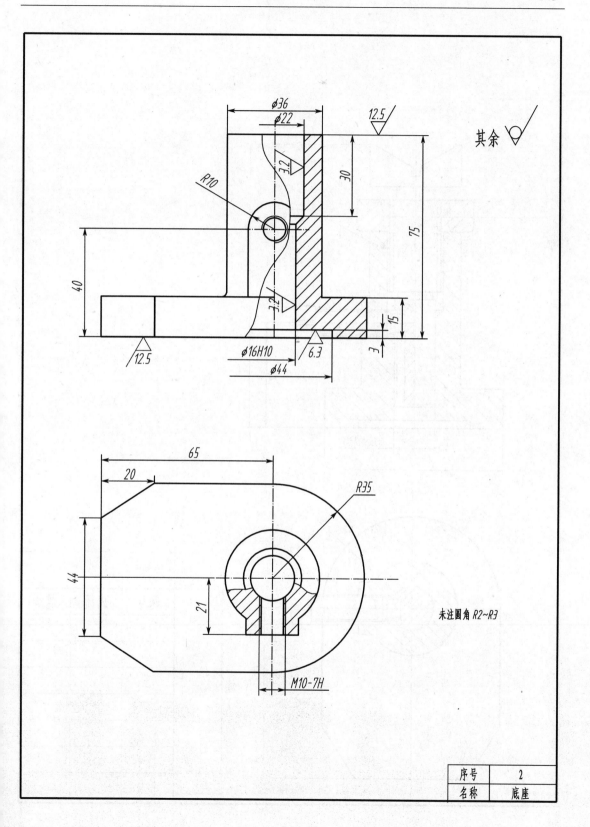

序号	2
名称	底座

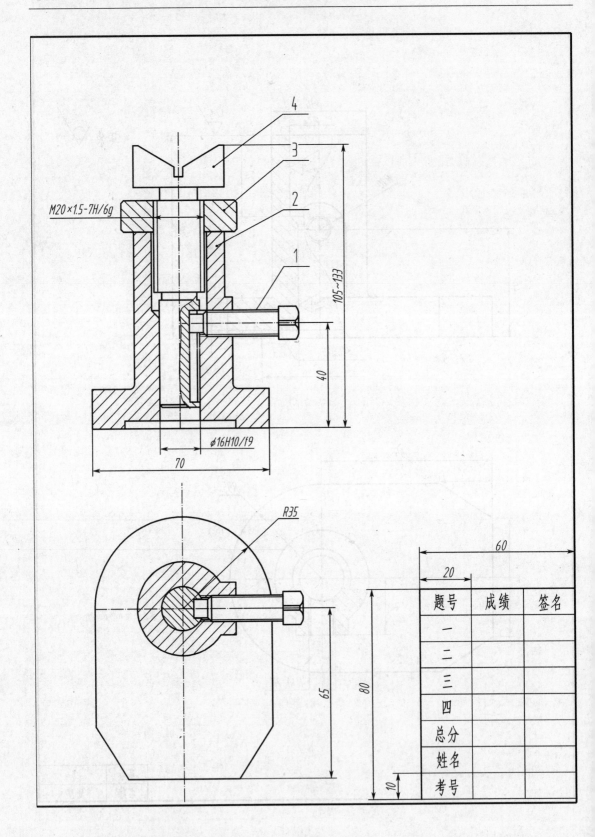

M20×1.5-7H/6g

105~133

40

φ16H10/f9

70

R35

65

80

10

题号	成绩	签名
一		
二		
三		
四		
总分		
姓名		
考号		

60

20

（四）国家职业技能鉴定统一考试　2008年高级制图员《计算机绘图》测试试卷(土建类)

1. 考试要求（10分）。

（1）设置A3幅面，用粗实线画出边框（400 mm×277 mm），按尺寸在右下角绘制标题栏，在对应框内填写姓名和考号，字高5 mm。

（2）尺寸标注按图中格式。尺寸参数：字高为3.5 mm，箭头长度为3.5 mm，尺寸界线延伸长度为2 mm，其余参数使用系统缺省配置。

（3）分层绘图。图层、颜色、线型要求如下：

层名	颜色	线型	线宽（mm）	用途
0	黑/白	实线	0.5	粗实线
1	红	实线	0.25	细实线
2	洋红	虚线	0.25	细虚线
3	紫	点画线	0.25	中心线
4	蓝	实线	0.25	尺寸标注
5	蓝	实线	0.25	文字
6	绿	双点画线	0.25	双点画线

其余参数使用系统缺省配置。另外需要建立的图层，考生自行设置。

（4）将所有图层储存在一个文件中，均匀布置在边框线内。存储前使图框充满屏幕，文件名采用准考证号。

2. 按标注尺寸1：2绘制图形，并标注尺寸（25分）。

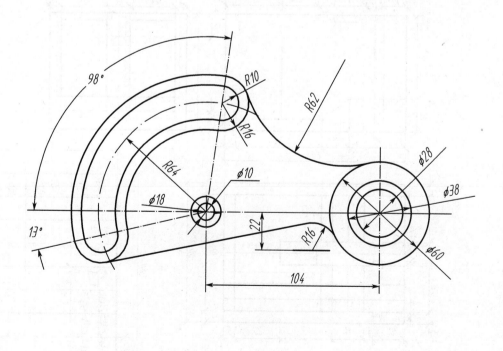

3. 抄画单层房屋平面图（比例为1：100），标注尺寸、标高、轴线编号（35分）。

4. 按1：1抄画三视图（注：只按要求画图，不标尺寸）（30分）。

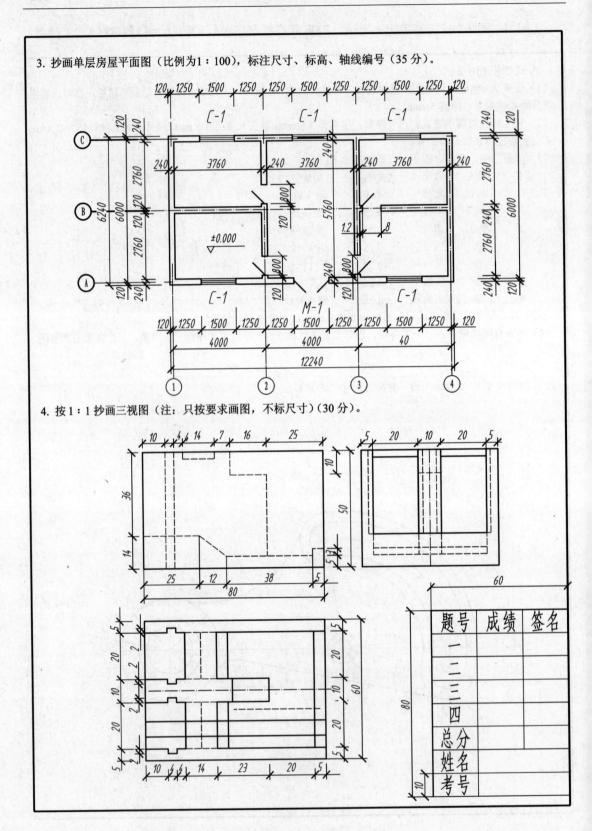

题号	成绩	签名
一		
二		
三		
四		
总分		
姓名		
考号		

（五）CAD技能一级（计算机绘图师）考试试题——工业产品类（2009.12）

试题说明：

1. 本试题共4题，闭卷；
2. 考生在指定的驱动器下建立一个以"考号和姓名"为名称的文件夹（例如：09001 刘平），用于存放两个图形文件；
3. 试题1、试题2和试题3存放于一个图形文件中，名称为"123"，图面的布局如下图所示；存放试题4的图形文件的名字为"4"；
4. 存放试题4的图形文件的名字为"4"；
5. 按照国家标准设置文字样式、线型、线宽和线型比例；
6. 建议不同的图层选用不同的颜色；
7. 交卷之前应该再次检查所建立的文件夹和图形文件的名称及位置，以免收卷时漏掉这些文件；
   若未按上述要求请改正，以免收卷时漏掉这些文件；
8. 考试时间为180分钟。

一、按照1∶1的比例抄画下面的图形（不注尺寸，10分）。

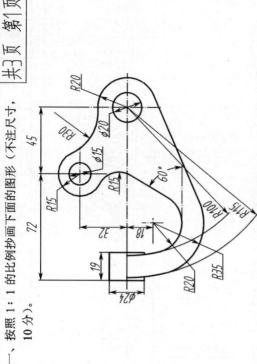

三、按照1∶1的比例抄画形体的主、左视图，补画其轴测视图（保留虚线。不注尺寸，30分）。

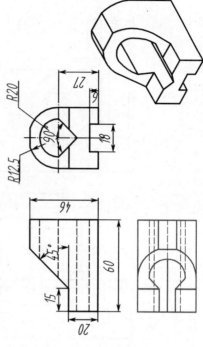

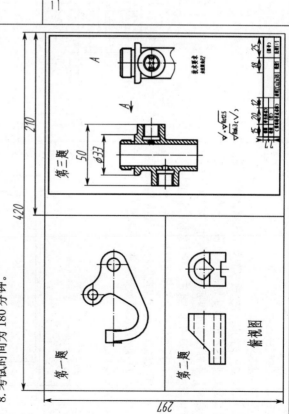

第一题

第二题

俯视图

第三题

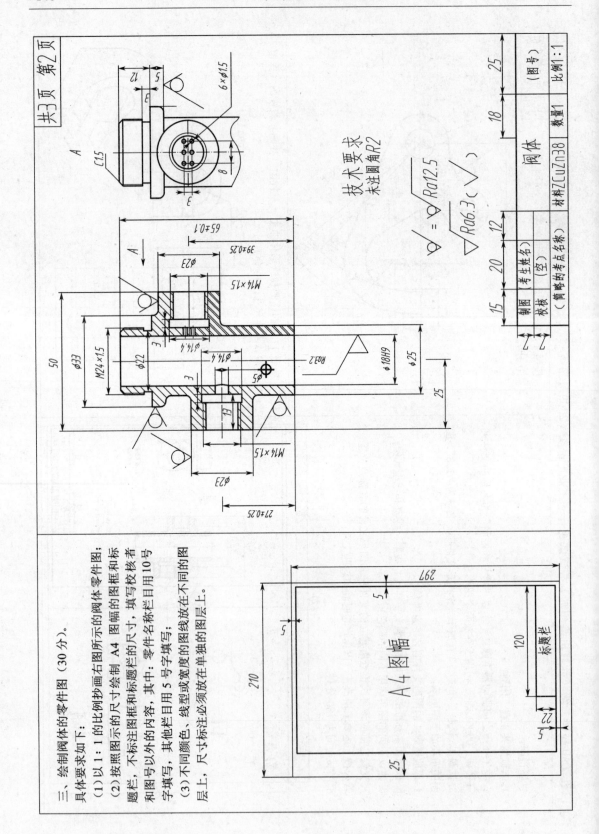

共3页　第2页

技术要求
未注圆角R2

材料ZCuZn38　数量1　阀体

（图号）　比例1：1

三、绘制阀体的零件图（30 分）。

具体要求如下：

（1）以 1：1 的比例抄画右图所示的阀体零件图；

（2）按照图示的尺寸绘制 A4 图幅的图框和标题栏，不标注图框和标题栏的尺寸，填写校核者和图号以外的内容，其中：零件名称目用10号字填写，其他栏目用 5 号字填写；

（3）不同颜色、线型或宽度的图线放在不同的图层上，尺寸标注必须单独放在单独的图层上。

四、根据手动气阀的零件图和装配示意图拼画其装配图（30分）

1.右图为手动气阀的工作原理及示意图。握住手柄球。将气阀杆拉到最高位置时，来自气源的高压气体与工作气缸接通，工作气体内处于高压状态；当气阀杆被推至最低位置时，气源与工作气缸的通道被关闭，工作气缸内的气体经过气阀体径向中心的孔道与大气接通，处于常压状态。气阀杆与阀体为间隙配合，用4个O形密封圈加强密封，螺母是用于固定该部件的。

2.具体要求
①选用A4图幅，标题栏、明细表的格式和尺寸如下图所示。

②按照1:1的比例，完整清晰地表达这部件的工作原理和装配关系，标注必要的尺寸；
③编注零件序号，绘制图框、标题栏、明细表并填写其中的内容。
3.说明
阀体的零件图见第三题，其余零件的零件图如下。

共3页　第3页

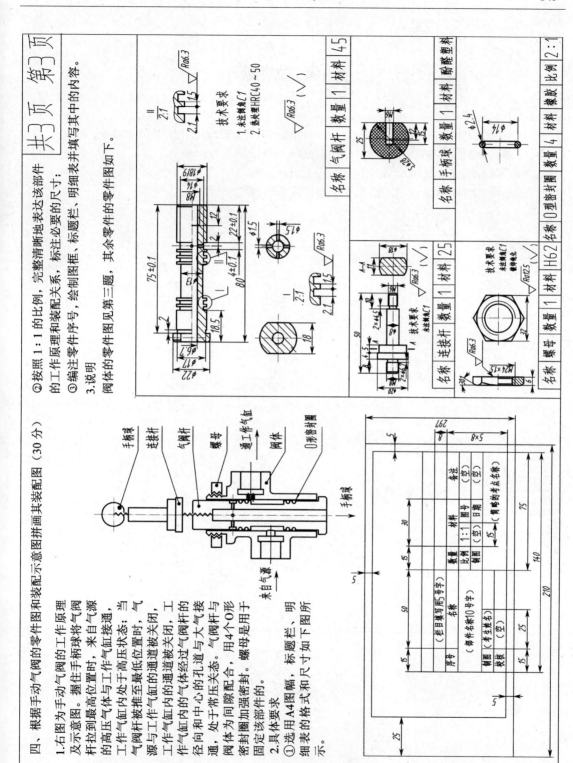

名称　气阀杆　数量　1　材料　45

技术要求
1.未注倒角C1
2.热处理HRC40~50

名称　手柄球　数量　1　材料　酚醛塑料

名称　连接杆　数量　1　材料　25

技术要求
未注倒角C1

名称　螺母　数量　1　材料　H62　名称　O型密封圈　数量　4　材料　橡胶　比例　2:1

技术要求
未注倒角C1

参 考 文 献

［1］全国 CAD 技能等级培训工作指导委员会. CAD 技能等级考评大纲. 北京：中国标准出版社，2008.

［2］中国工程图学学会. 三维数字建模. 北京：中国标准出版社，2008.

［3］胡建生. CAXA 电子图板 2005. 北京：化学工业出版社，2006.

［4］北京北航海尔软件有限公司. CAXA 电子图板 2005 用户手册，2005.